天津野鸟

王凤琴　卢学强　邵晓龙 等著　　陈建中 等摄

T<small>IAN</small> J<small>IN</small> Y<small>E</small> N<small>IAO</small>

U0273225

化学工业出版社

·北京·

内容简介

本书按照郑光美主编的《中国鸟类分类与分布名录》(第三版)进行鸟类分类和排序。本书收录了天津地区分布的鸟类356种,对鸟类的识别要点、生态特征、食性及最佳观鸟时间、最佳观鸟地点等做了详细介绍。

本书是关于天津鸟类辨识的专业书籍,可供鸟类研究、生态环境保护、野生动物保护等领域的专业人员使用;也可供广大的观鸟爱好者使用;对高等院校和中小学学生学习相关课程,同样是重要的野外实习参考读物。

图书在版编目(CIP)数据

天津野鸟 / 王凤琴等著;陈建中等摄. —北京:
化学工业出版社,2019.12
ISBN 978-7-122-35339-9

Ⅰ.①天… Ⅱ.①王… ②陈… Ⅲ.①野生动物-鸟类-天津-图集 Ⅳ.① Q959.708-64
中国版本图书馆 CIP 数据核字(2019)第 223154 号

责任编辑:高 震 宋湘玲　　　　　　美术编辑:王晓宇
责任校对:王素芹　　　　　　　　　　装帧设计:芊晨文化

出版发行:化学工业出版社(北京市东城区青年湖南街13号 邮政编码100011)
印　　装:天津图文方嘉印刷有限公司
787mm×1092mm 1/32 印张13¼ 字数363千字 2021年3月北京第1版第1次印刷

购书咨询:010-64518888　　　　　　　　售后服务:010-64518899
网　　址:http://www.cip.com.cn
凡购买本书,如有缺损质量问题,本社销售中心负责调换。

定　　价:89.00元

《天津野鸟》编写委员会

本书图片版权为作者所有，任何人不得翻转使用，违者必究。

前　言

　　天津位于渤海之滨、海河流域下游，有着沟渠河网纵横、洼淀湿地辉映的典型滨海地貌，也是世界鸟类迁徙九大线路之一的"东亚—澳大利西亚"迁徙线路上的重要驿站。每年春季(2月~4月)、秋季(10月~12月)大批候鸟飞临天津。明代的汪来作为土生土长的天津人曾用"入云孤鹤上还下，出浪双凫鸣且飞"来描述家乡的风景，同时代的吴承恩曾用"春深水涨嘉鱼味，海近风多健鹤翎"来描述天津杨柳青的风景。现在杨柳青已经很难看到"健鹤翎"的风景。虽然吴承恩所描述的鹤未必真的是鹤类，但是别说杨柳青，就是天津任何地方来了鹤类，鸟友们都会奔走相告，因为现在除了灰鹤、白枕鹤和白鹤外，鹤类在天津已经很少见了。

　　要保护鸟类、保护鸟类的栖息地，首先就需要从辨识鸟类、认识鸟类习性、熟悉鸟类生境开始。不同的鸟类生活在特定的生境，而且鸟类往往是其生存环境食物链的顶端生物。鸟的种类及数量能够反映其所在地生态系统的生产力及其健康状况，因而鸟类数据可以作为环境管理的基础数据。

　　观鸟活动始于18世纪晚期的英国和北欧。据称第一个观鸟人是英国的乡村牧师吉尔伯特·怀特，他和朋友的通信集就是有名的《塞尔本博物志》。然而，最初观鸟活动大多数情况下只是当时贵族的一种消遣方式，现在逐渐发展成为科学研究和自然爱好相结合的活动。无论是鸟类研究，还是鸟类观察，最需要了解鸟类图版照片以及辨识特征，从而能够首先准确辨识鸟类。

　　天津有北大港、团泊洼、七里海、大黄堡四个国家级或市级湿地和鸟类自然保护区，滨海湿地的保护不仅对天津市生态环境保护和生态文明建设具有重要作用，同时对京津冀区域生态文明建设和海河流域生态环境保护也有重要意义。2015年，国家水体污染控制与治理科技重大专项在天津设立了"海河南系独流减河流域水质改善和生态修复技术集成与示范"（2015ZX07203-011）课题。课题以独流减河河岸生态带和重要生态节点（如团泊洼、北大港湿地鸟类自然保护区）为研究重点，探索区域"河道—湿地—湖库—河口"生态廊道构建技术，开展基于鸟类生境保护的沿河生态功能修复技术研究。为此，我们对独流减河河岸生态带、团泊洼、北大港湿地鸟类自然保护区开展了多次鸟类调查，基于这些调查的成果并结合多年的积累，我们编写了本书。本书的鸟种中文名、英文名和拉丁学名均依据郑光美主编的《中国鸟类分类与分布名录》（第三版），并按其分类系统排序对天津鸟类名录进行了重新修订。依据鸟种在天津分布所属季节类型分为留鸟、夏候鸟、冬候鸟、旅鸟、迷鸟。鸟类图片以在天津范围内实地拍摄为主，也有部分照片非本地拍摄。

由于笔者水平所限，书中疏漏在所难免，恳请读者批评指正。

著者

目 录

鸟种分述

一、鸡形目 GALLIFORMES

（一）雉科 Phasianidae

二、雁形目 ANSERIFORMES

（二）鸭科 Anatidae

三、䴙䴘目 PODICIPEDIFORMES

（三）䴙䴘科 Podicipedidae

四、红鹳目 PHOENICOPTERIFORMES

（四）红鹳科 Phoenicopteridae

五、鸽形目 COLUMBIFORMES

（五）鸠鸽科 Columbidae

六、沙鸡目 PTEROCLIFORMES

（六）沙鸡科 Pteroclidae

七、夜鹰目 CAPRIMULGIFORMES

（七）夜鹰科 Caprimulgidae

（八）雨燕科 Apodidae

八、鹃形目 CUCULIFORMES

（九）杜鹃科 Cuculidae

九、鸨形目 OTIDIFORMES

（十）鸨科 Otididae

十、鹤形目 GRUIFORMES

（十一）秧鸡科 Rallidae

（十二）鹤科 Gruidae

十一、鸻形目 CHARADRIIFORMES

（十三）蛎鹬科 Haematopodidae

（十四）鹮嘴鹬科 Ibidorhynchidae

（十五）反嘴鹬科 Recurvirostridae

（十六）鸻科 Charadriidae

（十七）水雉科 Jacanidae

（十八）鹬科 Scolopacidae

十二、鹳形目 CICONIIFORMES

（二十二）鹳科 Ciconiidae

十三、鲣鸟目 SULIFORMES

（二十三）鸬鹚科 Phalacrocoracidae

十四、鹈形目 PELECANIFORMES

（二十四）鹮科 Threskiornithidae

（二十五）鹭科 Ardeidae

（二十六）鹈鹕科 Pelecanidae

十五、鹰形目 ACCIPITRIFORMES

（二十七）鹗科 Pandionidae

十八、佛法僧目 CORACIIFORMES

（三十一）佛法僧科 Coraciidae

（三十二）翠鸟科 Alcedinidae

十九、啄木鸟目 PICIFORMES

（三十三）啄木鸟科 Picidae

二十、隼形目 FALCONIFORMES

（三十四）隼科 Falconidae

二十一、雀形目 PASSERIFORMES

（三十五）八色鸫科 Pittidae

（三十六）黄鹂科 Oriolidae

（三十七）山椒鸟科 Campephagidae

（三十八）卷尾科 Dicruridae

（三十九）王鹟科 Monarchidae

（四十）伯劳科 Laniidae

（四十一）鸦科 Corvidae

（四十二）山雀科 Paridae

（四十三）攀雀科 Remizidae

（四十四）百灵科 Alaudidae

（四十五）文须雀科 Panuridae

（四十六）扇尾莺科 Cisticolidae

（四十七）苇莺科 Acrocephalidae

（四十八）蝗莺科 Locustellidae

（六十三）鹟科 Muscicapidae

（六十四）戴菊科 Regulidae

（六十五）太平鸟科 Bombycillidae

（六十六）岩鹨科 Prunellidae

（六十七）雀科 Passeridae

（六十八）鹡鸰科 Motacillidae

（六十九）燕雀科 Fringillidae

（七十）鹀科 Emberizidae

鸟种分述

一、鸡形目

GALLIFORMES

（一）雉科 Phasianidae

头顶常具肉冠或羽冠，嘴较粗短，脚强壮，适于奔跑。雄鸟常具距。

1　石鸡（shí jī）*Alectoris chukar*　留鸟

英 文 名　**Chukar Partridge**

别　　名　嘎嘎鸡　红腿鸡

识别要点　体长约38cm，雌雄同色。上体棕褐色，沿颈侧向下至前胸形成一个完整的黑色圈，两胁各有10条黑色和栗色并列的横斑。嘴和脚红色。

生态特征　陆禽，栖息于丘陵、多石山地，季节性垂直迁移，常隐藏在草丛中，白天成群到附近耕地上取食。

食　　性　主要以草本植物、灌木芽、叶、果实及种子等为食。

最佳观鸟时间　| 1 | 2 | 3 | 4 | 5 | 6 | 7 | 8 | 9 | 10 | 11 | 12 |

最佳观鸟地点　蓟州区

陈建中 拍摄

陈建中 拍摄

2 斑翅山鹑(bān chì shān chún) *Perdix dauurica* 留鸟

英 文 名 **Daurian Partridge**

别 名 板鸡 沙半斤

识别要点 体长约28cm, 雌雄同色。雄鸟头顶和头后暗沙褐色, 前额基部有一小黑斑。上体沙褐色, 有深褐色横斑。下胸棕红色。腹下灰白色, 有黑色块斑。雌鸟腹部无黑色块斑, 仅有一细长棕黄色纵纹。

生态特征 陆禽, 栖息于低山荒丘、灌丛草地等环境, 一雄一雌制, 营巢于有灌丛的地面上。

食 性 以植物种子和嫩芽为主要食物。

最佳观鸟时间 | 1 | 2 | 3 | 4 | 5 | 6 | 7 | 8 | 9 | 10 | 11 | 12 |

最佳观鸟地点 郊县

戈志强 拍摄

戈志强 拍摄

3 鹌鹑(ān·chún) *Coturnix japonica* 旅鸟

英文名 Japanese Quail

识别要点 体长约20cm，雌雄相似。翅长而尖，尾短。上体通常呈沙褐色，具明显皮黄色和黑色条纹、眉纹白色、下体皮黄白色、两胁栗褐色，具较粗的黄白色羽干纹。雌鸟不及雄鸟鲜亮。

生态特征 陆禽，栖息于平原近水的草场、杂草丛生的沼泽边缘，常隐藏在草丛中，善于在草丛中潜行，遇危急时突然飞出，飞行直而快，通常贴草丛飞行。

食 性 主要以植物为食。

最佳观鸟时间

1	2	3	4	5	6	7	8	9	10	11	12
											12

最佳观鸟地点 西青区边村

保护级别 IUCN 级别 近危 Near Threatened（NT）

雌鸟 陈建中 拍摄

雄鸟 陈建中 拍摄

4 勺鸡(sháo jī)*Pucrasia macrolopha* 留鸟

英 文 名 **Koklass Pheasant**

识别要点 体长约61cm，雌雄异色。雄鸟头部暗绿色，有棕褐色和黑色长形冠羽，颈部两侧各有一白斑。上体灰色，有黑色纵纹，中央尾羽特长。下体深栗色。雌鸟体羽棕褐色，羽冠较短，下体淡栗黄色，有棕白色羽干纹。

生态特征 陆禽，栖息于山地森林、林缘灌丛。

食 性 主要以草本植物、灌木芽、叶、果实及种子等为食。

最佳观鸟时间 | 1 | 2 | 3 | 4 | 5 | 6 | 7 | 8 | 9 | 10 | 11 | 12 |

最佳观鸟地点 蓟州区

保护级别 国家Ⅱ级保护鸟类

雄鸟　　　　　　陈建中　拍摄　雄鸟　　　　　　陈建中　拍摄

雌鸟　　　　　　　　　　　　　　陈建中　拍摄

5　环颈雉(huán jǐng zhì)*Phasianus colchicus*　留鸟

英 文 名　Common Pheasant

别　　名　野鸡　山鸡

识别要点　体长约85cm，雌雄异色。体形似家鸡，但尾羽长。雄鸟羽色华丽易认；雌鸟较雄鸟小，羽色暗淡，尾也较雄鸟短。

生态特征　陆禽，夏季筑巢于灌丛凹陷处，在平原或山麓附近觅食。遇到危险时，起飞滑翔一段距离，又落入草丛中。已有人工成批饲养。

食　　性　主要以植物性食物为食。

最佳观鸟时间　| 1 | 2 | 3 | 4 | 5 | 6 | 7 | 8 | 9 | 10 | 11 | 12 |

最佳观鸟地点　全境

一、雁形目
ANSERIFORMES

陈建中　拍摄

（二）鸭科 Anatidae

典型游禽，雌雄同色或异色。雌雄异色时雄鸟羽色鲜艳。嘴多上下扁平，颈较细长，翅狭长而尖，适于长途快速飞行。

6　鸿雁(hóng yàn) *Anser cygnoid*　旅鸟

英 文 名　Swan Goose

别　　名　原鹅　大雁

识别要点　体长约 88cm，雌雄同色。家鹅的祖先。嘴黑色，基部有一个白色细环，将嘴和额分开。喉和前颈乳白色，前后颈有一明显分界线。驯养品种较胖，嘴基长有瘤状物。

生态特征　游禽，栖息于湖泊、水塘、河流、沼泽地区，喜结群，飞行时排列成极整齐的"一"字形或"人"字形，速度缓慢，徐徐向前。

食　　性　主要以各种草本植物为食。

最佳观鸟时间

1	2	3	4	5	6	7	8	9	10	11	12

最佳观鸟地点　北大港湿地

保护级别　国家Ⅱ级保护鸟类；IUCN 级别　易危 Vulnerable（VU）

7 豆雁(dòu yàn)*Anser fabalis* 旅鸟、冬候鸟

英 文 名 **Bean Goose**

别 名 大雁 黄勺

识别要点 体长约80cm,雌雄同色。头颈颜色较深。嘴黑而厚,具橘黄色的环带,下嘴基部厚度为7~10mm。腿橙黄色。

生态特征 游禽,栖息于开阔的平原草地、沼泽、水库、江河及附近农田地区,喜群居,尤其是迁徙季节。飞翔时常排成"人"字形或"一"字形。

食 性 主要以植物性食物为食。

最佳观鸟时间

1	2	3	4	5	6	7	8	9	10	11	12

最佳观鸟地点 北大港湿地

陈建中 拍摄

陈建中 拍摄

8 短嘴豆雁(duǎn zuǐ dòu yàn) *Anser serrirostris* 旅鸟、冬候鸟

英 文 名 **Tundra Bean Goose**

识别要点 体长约80cm,雌雄同色。头颈颜色较深。嘴黑而厚,具橘黄色的环带,下嘴基部较厚达13mm。腿为橙黄色。

生态特征 游禽,栖息于开阔的平原草地、沼泽、水库、江河及附近农田地区,喜群居,尤其是迁徙季节。飞翔时常排成"人"字形或"一"字形。

食 性 主要以植物性食物为食。

最佳观鸟时间

1	2	3	4	5	6	7	8	9	10	11	12

最佳观鸟地点 北大港湿地

陈建中　拍摄

陈建中　拍摄

9　灰雁（huī yàn）*Anser anser*　旅鸟

英 文 名　**Greylag Goose**

别　　名　大雁　红嘴雁

识别要点　体长约76cm，雌雄同色。体羽较其他雁类淡。飞羽黑褐色，覆羽灰褐色，飞行中对比明显。嘴、脚粉红色。

生态特征　游禽，主要栖息于不同生境的淡水水域中，迁徙时结成大群，平时常结成小群游荡在水面上，飞行中大头和粗颈非常明显。

食　　性　以水生植物及少量的水生动物为食。

最佳观鸟时间　| 1 | 2 | 3 | 4 | 5 | 6 | 7 | 8 | 9 | 10 | 11 | 12 |

最佳观鸟地点　北大港湿地

陈建中　拍摄

陈建中　拍摄

10　白额雁（bái é yàn）*Anser albifrons*　旅鸟

英　文　名　Greater White-fronted Goose

别　　　名　沙白

识别要点　体长 70～85cm，雌雄同色。灰褐色的雁，嘴粉红色，基部与前额间有一白色斑块环绕嘴基。下体有不规则黑斑。幼鸟腹部无横斑。

生态特征　游禽，栖息于较宽阔的水域及其附近的平原草地、沼泽、农田，多数时间在陆地上休息或觅食，常结小群以家族形式活动。

食　　　性　主要以植物为食。

最佳观鸟时间

1	2	3	4	5	6	7	8	9	10	11	12

最佳观鸟地点　北大港湿地

保护级别　国家 II 级保护鸟类

陈建中 拍摄

陈建中 拍摄

11 小白额雁(xiǎo bái é yàn)*Anser erythropus* 旅鸟

英 文 名 Lesser White-fronted Goose

识别要点 体长约 62cm，雌雄同色。体型较白额雁小，嘴、脚较短。嘴周围白色斑块较白额雁大，有金眼圈。腹部暗色斑块较小。幼鸟较成鸟色淡，额上无白斑，腹部也无黑色斑块。

生态特征 游禽，栖息于水域附近的平原草地、沼泽、农田，多数时间在陆地上休息或觅食，常结小群活动。

食　性 主要以植物为食。

最佳观鸟时间

1	2	3	4	5	6	7	8	9	10	11	12

最佳观鸟地点 北大港湿地

保护级别 国家 II 级保护鸟类；IUCN 级别 易危 Vulnerable (VU)

陈建中 拍摄

陈建中 拍摄

12 斑头雁（bān tóu yàn）*Anser indicus* 迷鸟

英 文 名 **Bar-headed Goose**

识别要点 体长约 70cm，雌雄同色。浅灰色的雁，头和颈侧白色，头后有两道黑色条纹。嘴、脚为橙黄色。

生态特征 游禽，栖息于水边草滩或游于浅水中。

食 性 主要以植物为食，也吃一些小型动物。

最佳观鸟时间

1	2	3	4	5	6	7	8	9	10	11	12

最佳观鸟地点 北大港湿地

卢学强　拍摄

13　加拿大雁(jiā ná dà yàn)*Branta canadensis*　迷鸟

英 文 名　**Canada Goose**

识别要点　体长约100cm，雌雄同色。身体灰色，头颈黑色，眼后至喉部有白色斑块。

生态特征　游禽，栖息于开阔平原草地、沼泽、水库、江河及附近农田地区。

食　　性　主要以植物性食物为食。

最佳观鸟时间

1	2	3	4	5	6	7	8	9	10	11	12

最佳观鸟地点　永定新河

成鸟　　　　陈建中　拍摄

成鸟　　　　陈建中　拍摄

亚成鸟　　　　　　　　　　陈建中　拍摄

14　疣鼻天鹅（yóu bí tiān' é）*Cygnus olor*　旅鸟

英 文 名　Mute Swan

别　　名　哑声天鹅

识别要点　体长约150cm，雌雄同色。全身白色，嘴橘红色，基部黑色，前额有一黑色疣状突起。雌鸟体型较小，前额疣状突起不明显。幼鸟无疣状突。

生态特征　游禽，栖息于水草丰盛的开阔湖泊、水塘、沼泽、水流缓慢的河流等地，常成对或以家族群体活动。

食　　性　主要以水生植物为食。

最佳观鸟时间

1	2	3	4	5	6	7	8	9	10	11	12

最佳观鸟地点　北大港湿地

保护级别　国家Ⅱ级保护鸟类

陈建中 拍摄

陈建中 拍摄

15 小天鹅(xiǎo tiān' é) *Cygnus columbianus* 旅鸟

英 文 名 **Tundra Swan**

别 名 啸声天鹅

识别要点 体长约142cm，雌雄同色。全身洁白，嘴黑，基部黄色不前延至鼻孔之下，幼鸟全身灰褐色。

生态特征 游禽，栖息于开阔的湖泊、水塘、沼泽、水流缓慢的河流等地。喜结小群或以家族群体活动，并常与另两种天鹅混在同一水面活动。

食 性 以植物性食物为食。

最佳观鸟时间

1	2	3	4	5	6	7	8	9	10	11	12

最佳观鸟地点 北大港湿地

保护级别 国家 II 级保护鸟类

陈建中　拍摄

陈建中　拍摄

16　大天鹅(dà tiān' é)*Cygnus cygnus*　旅鸟

英 文 名　Whooper Swan

别　　名　黄嘴天鹅

识别要点　体长约155cm，雌雄同色。全身白色，嘴黑，基部黄色向前延伸至鼻孔之下。幼鸟全身污白色，尤其头颈部羽色较暗。

生态特征　游禽，喜栖息于开阔水域，善游泳，常以家族为单位结成小群活动。觅食时头常向下，伸入水中，能挖掘污泥中的食物。

食　　性　主要以水生植物为食。

最佳观鸟时间

1	2	3	4	5	6	7	8	9	10	11	12

最佳观鸟地点　北大港湿地

保护级别　国家Ⅱ级保护鸟类

陈建中 拍摄

陈建中 拍摄

17 翘鼻麻鸭(qiào bí má yā) *Tadorna tadorna*　旅鸟、冬候鸟

英 文 名 Common Shelduck

别　　名 冠鸭

识别要点 体长约 60cm，雌雄同色。大型黑白体色的鸭类，胸至肩部有一环绕的栗色环带。繁殖羽雄鸟红色的嘴基部有一瘤状突起。雌鸟羽色较淡。幼鸟无胸带。

生态特征 游禽，栖息于水域及附近沼泽地，常成对或小群活动。

食　　性 主要以动物性食物为食。

最佳观鸟时间

1	2	3	4	5	6	7	8	9	10	11	12

最佳观鸟地点 沿海海滨

戎志强　拍摄

陈建中　拍摄

18　赤麻鸭（chì má yā）*Tadorna ferruginea*　旅鸟、冬候鸟

英 文 名　**Ruddy Shelduck**

别　　名　黄鸭　寒鸭

识别要点　体长约63cm，雌雄同色。全身黄褐色。雄鸟繁殖羽颈基部有一窄的黑色领环，飞行时白色的翅上覆羽和铜绿色的翼镜非常明显。雌鸟色淡，颈基部无黑色领环。

生态特征　游禽，栖息于湖泊、水塘等水草丰美地带，多在晨昏活动。性胆小。

食　　性　主要以水生植物为食。

最佳观鸟时间　| 1 | 2 | 3 | 4 | 5 | 6 | 7 | 8 | 9 | 10 | 11 | 12 |

最佳观鸟地点　北大港湿地

雄鸟　　　　　　　　　　　　　　　　陈建中　拍摄

雌鸟　　　　　　　　　　　　　　　　陈建中　拍摄

19　鸳鸯(yuān·yāng)*Aix galericulata*　旅鸟

英 文 名　**Mandarin Duck**

　　识别要点　体长约40cm，雌雄异色。雄鸟羽色艳丽，有醒目的白色眉纹，翅上有一对橙黄色的帆状羽饰。雌鸟体羽灰色，有白眼圈和眼后白纹。

　　生态特征　游禽，栖息于开阔水域，常成群活动，尤其是迁徙季节。善游泳和潜水，主要在白天觅食。除在水上活动外，也常到陆上活动和觅食。

　　食　　性　杂食性，主要以植物性食物为食。

最佳观鸟时间

1	2	3	4	5	6	7	8	9	10	11	12

最佳观鸟地点　北塘

保护级别　国家Ⅱ级保护鸟类

雄鸟   陈建中 拍摄

雌鸟   陈建中 拍摄

20 赤膀鸭（chì bǎng yā）*Mareca strepera*   旅鸟

英 文 名 Gadwall

识别要点 体长约50cm，雌雄异色。雄鸟嘴黑色，身体灰褐色，有显眼的黑色臀部，头部有一暗褐色、较长的过眼纹，翼镜黑白二色，飞行时尤为明显。雌鸟喙橙黄色，斑纹明显，翼镜白色，与绿头鸭雌鸟相似，但较细瘦，头部颜色较浅。

生态特征 游禽，喜栖息于富有水生植物的开阔水域中。

食   性 主要以水生植物为食，也到农田或岸上食植物种子等。

最佳观鸟时间 | 1 | 2 | 3 | 4 | 5 | 6 | 7 | 8 | 9 | 10 | 11 | 12 |

最佳观鸟地点 北大港湿地

雄鸟　　　　　　　　　　　陈建中　拍摄

雌鸟　　　　　　　　　　　陈建中　拍摄

21　罗纹鸭（luó wén yā）*Mareca falcata*　旅鸟、冬候鸟

英 文 名　**Falcated Duck**

识别要点　体长约50cm，雌雄异色。雄鸟头大、深色而有光泽，额基有一白斑很显眼。三级飞羽特别长而弯曲。雌鸟较小，全身暗褐色，有杂纹。

生态特征　游禽，栖息于河流、湖泊、水库、池塘等水域，喜结群，白天多在水面上休息游荡，清晨或黄昏飞到农田或浅水处。

食　　性　取食水生植物嫩叶、草籽等，也吃小型无脊椎动物。

最佳观鸟时间

1	2	3	4	5	6	7	8	9	10	11	12

最佳观鸟地点　北大港湿地

保护级别　IUCN级别　　近危 Near Threatened（NT）

陈建中　拍摄

陈建中　拍摄

22　赤颈鸭(chì jǐng yā) *Mareca penelope*　旅鸟

英 文 名　Eurasion Wigeon

别　　名　鹅仔鸭　猫鸭

　　识别要点　体长约47cm，雌雄异色。嘴铅色，先端黑色。雄鸟头颈棕色，额至头顶有一黄色纵带，飞行时翅上有黑、白、绿三色形成鲜明对比，尾下覆羽黑色。雌鸟色暗，尾下覆羽白色。

　　生态特征　游禽，喜欢在富有水生植物的开阔水域中活动，常结群活动，也和其他鸭类混群；善游泳，飞行快，有危险时能直接从水中或地上冲起。在浅水或农田觅食。

　　食　　性　主要以植物性食物为食，也吃少量动物性食物。

最佳观鸟时间　| 1 | 2 | 3 | 4 | 5 | 6 | 7 | 8 | 9 | 10 | 11 | 12 |

最佳观鸟地点　北大港湿地

前为雌鸟　　　　　　　　　　　陈建中　拍摄

雄鸟　　　　　　　　　　　　　陈建中　拍摄

23　绿头鸭(lǜ tóu yā)*Anas platyrhynchos*　夏候鸟、旅鸟

英　文　名　**Mallard**

识别要点　体长约58cm，雌雄异色。雄鸟头、上颈绿色，翼镜紫色，上下缘具宽的白边，飞行时极醒目，胸部栗色，颈与胸间有一白色领环。雌鸟羽毛呈褐色斑纹状。

生态特征　游禽，主要栖息于水生植物丰富的湖泊、河流等水域，集群，晨昏觅食。

食　　性　主要吃植物性食物，也常到农田觅食种子。

最佳观鸟时间　| 1 | 2 | 3 | 4 | 5 | 6 | 7 | 8 | 9 | 10 | 11 | 12 |

最佳观鸟地点　北大港湿地

陈建中　拍摄

陈建中　拍摄

24　斑嘴鸭(bān zuǐ yā)*Anas zonorhyncha*　夏候鸟、旅鸟、冬候鸟

英 文 名　Eastern Spot-billed Duck

别　　名　黄嘴尖鸭　大白眉

识别要点　体长约60cm，雌雄同色。头顶黑色，眉纹淡黄色，有黑色过眼纹。嘴黑色，有黄斑。

生态特征　游禽，栖息于各类大小湖泊、水库、沼泽地带，成群活动，善游泳，有时漂浮在水面上休息。晨昏活动、觅食。

食　　性　主要食植物性食物。

最佳观鸟时间　| 1 | 2 | 3 | 4 | 5 | 6 | 7 | 8 | 9 | 10 | 11 | 12 |

最佳观鸟地点　北大港湿地

雄鸟　　　　陈建中　拍摄

雌鸟　　　　戎志强　拍摄

雄鸟　　　　戎志强　拍摄

25　针尾鸭(zhēn wěi yā) *Anas acuta*　旅鸟

英 文 名　Northern Pintail

别　　名　尖尾鸭

识别要点　体长约55cm，雌雄异色。外形俊雅的浅水鸭，颈长，尾羽长而尖，游泳时长长的尾部翘起。雄鸟身体灰色，头深栗色，胸部白色。雌鸟呈褐色斑驳状。

生态特征　游禽，喜集群，性极胆怯，白天常隐于苇丛或游荡于远离岸边的水面，只晨昏到浅水处或田地觅食。

食　　性　主要食植物性食物。

最佳观鸟时间

1	2	3	4	5	6	7	8	9	10	11	12

最佳观鸟地点　北大港湿地

雄鸟   钱斌 拍摄

雌鸟   钱斌 拍摄

26　绿翅鸭(lǜ chì yā)*Anas crecca*　旅鸟

英 文 名　**Green-winged Teal**

识别要点　体长约37cm，雌雄异色。身体细小，在鸭群中很明显。雄鸟头部有褐绿相间的花纹，雌鸟全身斑纹状。飞行时可见雌雄鸟翅上有金属光泽的翠绿色翼镜，翼镜前后缘有白边。

生态特征　游禽，栖息于开阔的水生植物茂盛的各种水域中，飞行快速。每日觅食时间较长，休息多在水边地上或湖中小岛上。

食　　性　主要食植物性食物。

最佳观鸟时间

1	2	3	4	5	6	7	8	9	10	11	12

最佳观鸟地点　北大港湿地

后为雌鸟　　　　　　　　　　　　陈建中　拍摄

雄鸟　　　　　　　　　　　　　　陈建中　拍摄

27　琵嘴鸭(pí zuǐ yā)*Spatula clypeata*　旅鸟

英 文 名　Northern Shoveler

识别要点　体长约50cm，雌雄异色。特征是有比头长的铲状大嘴。雄鸟头暗绿色，胸部白色，腹部和两胁栗色。雌鸟褐色，头顶至后颈有浅色斑纹。

生态特征　游禽，栖息于开阔的水域，主要用铲形嘴在泥土中掘食，也能在水面上来回摆动，通过滤水方式收集食物，还常常头朝下在水底觅食。通常在白天活动，休息时在岸边。

食　　性　主要食螺、软体动物、甲壳类、水生昆虫、鱼、蛙等动物性食物，也食水藻、草籽等植物性食物。

最佳观鸟时间

1	2	3	4	5	6	7	8	9	10	11	12

最佳观鸟地点　北大港湿地

雌鸟 　　　　　　　陈建中　拍摄

雄鸟 　　　　　　　陈建中　拍摄

戎志强　拍摄

28　白眉鸭(bái méi yā)*Spatula querquedula*　旅鸟

英 文 名　Garganey

识别要点　体长约40cm，雌雄异色。雄鸟头部有宽阔的白色眉纹，一直延伸到头后，极为醒目。雌鸟黑褐色，眉纹不明显，但眼下还有一浅色纹，呈双眉状。

生态特征　游禽，栖息于各种开阔水域中，常在水草隐蔽处活动和觅食，受惊吓可从水中直飞冲出，飞行迅速。

食　　性　主要以水生植物为食。

最佳观鸟时间	1	2	3	4	5	6	7	8	9	10	11	12

最佳观鸟地点　北大港湿地

雌鸟　　　　　　　　　　　　　　　　　戎志强　拍摄

雄鸟　　　　　　　　　　　　　　　　　戎志强　拍摄

29　花脸鸭(huā liǎn yā)*Sibirionetta formosa*　旅鸟、冬候鸟

英 文 名　**Baikal Teal**

识别要点　体长约42cm，雌雄异色。雄鸟繁殖羽极为艳丽，脸部由黄、绿、黑、白等多种色彩组成的花斑极为醒目。雌鸟暗褐色，脸侧有白色条纹，眼后有白色与深褐色相间的眉纹。雄鸟非繁殖羽似雌鸟，野外鉴别较困难，但雌雄鸟嘴基均有一白色小圆点。

生态特征　游禽，栖息于水草丰盛的水域，多在浅水中活动。

食　　性　食水生植物、草籽等。

最佳观鸟时间

1	2	3	4	5	6	7	8	9	10	11	12

最佳观鸟地点　北大港湿地

保护级别　国家Ⅱ级保护鸟类

雌鸟　　　　　　　　　　　戎志强 拍摄

雄鸟　　　　　　　　　　　戎志强　拍摄

30　赤嘴潜鸭(chì zuǐ qián yā)*Netta rufina*　旅鸟

英 文 名　**Red-crested Pochard**

识别要点　体长约55cm，雌雄异色。雄鸟繁殖羽锈红色的头部和橘红色的嘴与黑色的颈、前胸成鲜明对比，两胁白色，飞行时翼上和翼下的大型白斑极为醒目。雌鸟通体褐色，头两侧、颈侧、喉为白色。嘴雄鸟赤红色，雌鸟黑灰色，带黄色嘴尖。

生态特征　游禽，栖息于开阔的淡水湖泊、江河等水域。

食　　性　食物主要为水藻、眼子菜和其他水生植物的嫩芽、茎和种子，有时也到岸上觅食青草和其他禾本科植物种子或草籽，冬季有时也到农田觅食散落的谷粒。

最佳观鸟时间　| 1 | 2 | 3 | 4 | 5 | 6 | 7 | 8 | 9 | 10 | 11 | 12 |

最佳观鸟地点　北大港湿地

陈建中　拍摄

31　红头潜鸭（hóng tóu qián yā）*Aythya ferina*　旅鸟、冬候鸟

英 文 名　**Common Pochard**

别　　名　蒲棒头

识别要点　体长约46cm，雌雄异色。雄鸟身体灰色，头颈红棕色，尾和胸黑褐色。雌鸟头颈棕褐色，脸部有浅色弧形图案。

生态特征　游禽，栖息于富有水生植物的开阔水域，白天多漂浮在水面上睡觉，也成群在岸边休息；晨昏觅食，主要通过潜水取食。

食　　性　食物主要是植物。

最佳观鸟时间

1	2	3	4	5	6	7	8	9	10	11	12

最佳观鸟地点　北大港湿地

保护级别　IUCN 级别　易危 Vulnerable（VU）

王大庆 拍摄

王大庆 拍摄

32 青头潜鸭（qīng tóu qián yā）*Aythya baeri* 旅鸟、冬候鸟

英文名 **Baer's Pochard**

别 名 猫叫鸭

识别要点 体长约45cm，雌雄同色。头和颈黑绿色而有光泽，眼白色，胸部暗栗色。胁部白色和褐色相间。

生态特征 游禽，栖息于富有水生植物的水域，常成对或小群活动于水生植物丛中，性胆小，遇惊吓常隐藏于苇丛中。主要通过潜水觅食。

食 性 杂食，但主要以植物为食。

最佳观鸟时间 | 1 | 2 | 3 | 4 | 5 | 6 | 7 | 8 | 9 | 10 | 11 | 12 |

最佳观鸟地点 北大港湿地

保护级别 国家Ⅰ级保护鸟类；IUCN级别 极危Critically Endangered（CR）

戎志强 拍摄

戎志强 拍摄

33 白眼潜鸭(bái yǎn qián yā)*Aythya nyroca* 夏候鸟、旅鸟、冬候鸟

英 文 名 **Ferruginous Duck**

别　　名 东方白眼鸭

识别要点 体长约41cm,雌雄异色。繁殖羽的雄鸟身体呈较深的暗栗色,眼白色,飞行时腹中部和翅上、翅下的白色与暗色体羽反差强烈。雌鸟体色更暗。

生态特征 游禽,栖息于富有水生植物的开阔水域,常潜伏于芦苇和水草中,性胆小而机警。通过潜水觅食。

食　　性 杂食,但主要以植物为食。

最佳观鸟时间　| 1 | 2 | 3 | 4 | 5 | 6 | 7 | 8 | 9 | 10 | 11 | 12 |

最佳观鸟地点　北大港湿地

保护级别　IUCN 级别　近危 Near Threatened(NT)

陈建中　拍摄

陈建中　拍摄

34　凤头潜鸭(fèng tóu qián yā)*Aythya fuligula*　旅鸟

英 文 名　**Tufted Duck**

别　　名　凤头鸭　小辫黑

识别要点　体长约 42cm,雌雄异色。雄鸟头颈、上体黑色,有明显的冠羽,腹部及两胁白色。雌鸟全身深褐色,冠羽较雄鸟短。

生态特征　游禽,栖息于开阔的水域,性喜成群,特别是迁徙季节;多在白天活动,主要通过潜水觅食。

食　　性　杂食,但主要以动物为食。

最佳观鸟时间

1	2	3	4	5	6	7	8	9	10	11	12

最佳观鸟地点　北大港湿地

莫训强 拍摄

35 斑背潜鸭（bān bèi qián yā）*Aythya marila* 旅鸟、冬候鸟

英文名 **Greater Scaup**

识别要点 体长约48cm，雌雄异色。雄鸟头、颈黑绿色，上背、腰和尾上覆羽黑色，胸黑色，腹部、两胁和翼镜白色。雌鸟体羽褐色，嘴基部有白色带状斑纹，脸侧有浅色斑纹。嘴铅蓝色，带黑尖，脚铅蓝色，虹膜金黄色。

生态特征 游禽，喜栖息于开阔的水域，善游泳和潜水。

食　　性 主要以小型鱼类为食。

最佳观鸟时间

1	2	3	4	5	6	7	8	9	10	11	12

最佳观鸟地点 北大港湿地

王玉良　拍摄

36　斑脸海番鸭（bān liǎn hǎi fān yā）*Melanitta fusca*　旅鸟

英 文 名　Velvet Scoter

识别要点　体长约58cm，雌雄异色。雄鸟通体黑色，眼后有一半月形白斑，嘴红色，基部有一黑色瘤状物。雌鸟暗褐色，耳部和上嘴基部各有一白斑。

生态特征　游禽，喜栖息于开阔的水域，善游泳和潜水。

食　　性　主要以小型鱼类为食。

最佳观鸟时间

1	2	3	4	5	6	7	8	9	10	11	12

最佳观鸟地点　北大港湿地

保护级别　IUCN 级别　易危 Vulnerable（VU）

英训强 拍摄

37 长尾鸭（ cháng wěi yā ）*Clangula hyemalis* 罕见冬候鸟

英 文 名 **Long-tailed Duck**

识别要点 体长约58 cm，雌雄异色。雄鸟尾羽特长；非繁殖羽头颈白色，肩羽白色，特别延长，胸黑色，腹部白色，其余体羽褐色；繁殖羽除眼周和腹部白色外，其余为褐色。雌鸟上体淡褐色，下体白色。虹膜红褐色，嘴黑色。

生态特征 栖息于沿海、内陆湖泊水域。

食 性 以动物性食物为食。

最佳观鸟时间 | 1 | 2 | 3 | 4 | 5 | 6 | 7 | 8 | 9 | 10 | 11 | 12 |

最佳观鸟地点 北大港湿地

保护级别 IUCN 级别 易危 Vulnerable（VU）

雌鸟　　　　　陈建中　拍摄

雄鸟　　　　　戎志强　拍摄

戎志强　拍摄

38　鹊鸭(què yā)*Bucephala clangula*　旅鸟、冬候鸟

英 文 名 **Common Goldeneye**

别　　名 喜鹊鸭　雁嘴　太阳高

识别要点 体长约48cm,雌雄异色。身体短厚。雄鸟黑白对比明显,头、上颈黑绿色,眼下有一大白色圆形斑。雌鸟暗褐色,颈基部有白色颈环。嘴黑色,有黄尖。

生态特征 游禽,喜栖息于湖泊和水流缓慢的江河,游泳时尾向上翘起,主要通过潜水觅食,一次能在水下潜水约30秒,飞行快而有力。

食　　性 主要以小型动物为食。

最佳观鸟时间 | 1 | 2 | 3 | 4 | 5 | 6 | 7 | 8 | 9 | 10 | 11 | 12 |

最佳观鸟地点 北大港湿地

雄鸟　　　　陈建中　拍摄

雌鸟　　　　陈建中　拍摄

飞行　　　　　　　　陈建中　拍摄

39　斑头秋沙鸭（bān tóu qiū shā yā）*Mergellus albellus*　旅鸟、冬候鸟

英 文 名　Smew

别　　名　小鱼鸭　白秋沙鸭

识别要点　体长约40cm，雌雄异色。秋沙鸭中体型最小和嘴最短的一种。雄鸟头、颈白色，眼周黑色，头顶两侧有显著的黑斑，在白色的头上很醒目。雌鸟灰褐色，头部栗色，喉颊白色。

生态特征　游禽，喜栖息于湖泊、江河等水域，主要通过潜水觅食，大部分时间在水中频繁潜水，很少上岸。飞行快而有力。

食　　性　主要以小型动物为食。

最佳观鸟时间

1	2	3	4	5	6	7	8	9	10	11	12

最佳观鸟地点　北大港湿地

保护级别　国家Ⅱ级保护鸟类

雄鸟(左)　　　陈建中　拍摄

雌鸟　　　陈建中　拍摄

40　普通秋沙鸭(pǔ tōng qiū shā yā)*Mergus merganser*　旅鸟

英 文 名　**Common Merganser**

别　　名　东方鱼鸭

识别要点　体长约 68cm，雌雄异色。秋沙鸭中体型最大的一种。嘴细长，红色。雄鸟头黑褐色，下体乳黄色。雌鸟头、颈棕褐色，和淡色的胸部界限明显。

生态特征　游禽，喜栖息于开阔水域，常结小群，迁徙时成大群，游泳时颈伸得很直，善游泳和潜水，也能在地面行走。

食　　性　食物主要为小鱼，也大量捕食软体动物、甲壳类、石蚕等水生无脊椎动物，偶尔吃少量植物性食物。

最佳观鸟时间

1	2	3	4	5	6	7	8	9	10	11	12

最佳观鸟地点　北大港湿地

左为雌鸟　　　　　　　　　　英训强　拍摄

雄鸟　　　　　　　　　　　英训强　拍摄

41　红胸秋沙鸭(hóng xiōng qiū shā yā)*Mergus serrator*　旅鸟、冬候鸟

英 文 名　**Red-breasted Merganser**

识别要点　体长约60cm，雌雄异色。嘴细长，红色。雄鸟头黑色，具羽冠，上颈白色，下颈和胸锈红色，下体白色。雌鸟头、颈棕色，上体灰褐色，下体白色。

生态特征　游禽，喜栖息于开阔水域，善游泳和潜水。

食　　性　主要以小鱼为食。

最佳观鸟时间

1	2	3	4	5	6	7	8	9	10	11	12
										11	12

最佳观鸟地点　海滨

雌鸟　　　　　　　　　　　　　陈建中　拍摄

雄鸟　　　　　　　　　　　　　陈建中　拍摄

42　中华秋沙鸭（zhōng huá qiū shā yā）*Mergus squamatus* 罕见旅鸟

英 文 名　Scaly-sided Merganser

　　识别要点　体长约58cm，雌雄异色。雄鸟头和上颈黑色，头顶具黑色双冠状，上背黑色，下背和腰白色，羽端有黑色同心斑纹，下体白色，两胁有黑色同心斑纹。雌鸟头棕褐色，上体灰褐色，下体白色，胸和两胁具黑色鳞状斑。嘴红色，脚红色，虹膜褐色。

　　生态特征　游禽，喜栖息于开阔水域，常结小群，善游泳和潜水，也能在地面行走。

　　食　　性　主要以小型鱼类为食。

最佳观鸟时间

1	2	3	4	5	6	7	8	9	10	11	12

最佳观鸟地点　北大港湿地

保护级别　国家Ⅰ级保护鸟类；IUCN 级别　　濒危 Endangered（EN）

白头硬尾鸭

Paul Holt 拍摄

43 白头硬尾鸭(bái tóu yìng wěi yā)*Oxyura leucocephala* **迷鸟**

英 文 名 **White-headed Duck**

识别要点 体长约48cm，雌雄异色。嘴亮蓝色，基部隆起，尾尖而硬，在水中常常高高竖起。雄鸟头白色，头顶黑色，上体栗灰色，胸和两胁栗色。雌鸟头黑色，眼下有一白色纵纹从嘴基到枕部。

生态特征 游禽，喜栖息于开阔水域，常结小群，善游泳和潜水。

食　性 主要以植物为食。

最佳观鸟时间 | 1 | 2 | 3 | 4 | 5 | 6 | 7 | 8 | 9 | 10 | 11 | 12 |

最佳观鸟地点 北大港湿地

保护级别 国家Ⅰ级保护鸟类；IUCN 级别　濒危 Endangered（EN）

三、鸊鷉目 PODICIPEDIFORMES

繁殖羽　　　陈建中　拍摄

非繁殖羽　陈建中　拍摄

陈建中　拍摄

陈建中　拍摄

（三）鹏鹏科 Podicipedidae

雌雄相似。体型似鸭，但略小而扁。鉴别时留意嘴、头和颈的颜色。受惊时向远游而不飞，经常潜水。

44　小鹏鹏（xiǎo pì tī）*Tachybaptus ruficollis*　旅鸟、夏候鸟、冬候鸟

英　文　名　**Little Grebe**

别　　　名　水葫芦　小烧包　王八鸭子

识别要点　体长约27cm，雌雄同色。鹏鹏中最小的一种。身体短胖，尾短小。繁殖羽嘴角乳黄色，颈侧栗红色；非繁殖羽上体灰褐色。

生态特征　游禽，喜栖息于水库、池塘、湖泊等地，受惊吓时游向苇丛或马上潜入水中，数分钟后再于附近浮出水面，有时沉入水中，仅露嘴、眼在水面，状如鳖，故有"王八鸭子"之称。3月末至4月初可见数量较大的群体迁经。夏季在苇丛中繁殖，冬季也有少量冬候于不冻水域。

食　　　性　主要以鱼、虾、水生昆虫、蛙类等为食。

最佳观鸟时间　

1	2	3	4	5	6	7	8	9	10	11	12

最佳观鸟地点　各大湿地

繁殖羽　　　　　　　　　　　　　陈建中　拍摄

非繁殖羽　　　　　　　　　　　　陈建中　拍摄

45　凤头鸊鷉(fèng tóu pì tī) *Podiceps cristatus*　旅鸟、夏候鸟

英 文 名 **Great Crested Grebe**

别　　名 落虎张

识别要点 体长约50cm,雌雄同色。鸊鷉中体型最大者。外形优雅。颈长,向上伸直与水面保持垂直姿势。繁殖羽头顶具显著的黑色冠羽,颈部有环形皱领。非繁殖羽头顶黑色,眼和头顶黑色之间有白色。

生态特征 游禽,常成对或成小群活动在开阔水面,活动时频频潜水,最长达50秒。

食　　性 主要以各种鱼类为食。

最佳观鸟时间 | 1 | 2 | 3 | 4 | 5 | 6 | 7 | 8 | 9 | 10 | 11 | 12 |

最佳观鸟地点 各大湿地

陈建中 拍摄

46 角鹏䴘(jiǎo pì tī)*Podiceps auritus* 旅鸟

英 文 名 **Horned Grebe**

别　　名 长耳鹏䴘

识别要点 体长约 33cm, 雌雄同色。体态紧实, 略具冠羽, 嘴直, 繁殖羽前颈、颈侧、胸和体侧栗红色, 眼后各有一簇橙黄色的饰羽, 一直延伸至颈背, 下嘴基部到眼有一条淡色纹。

生态特征 游禽, 活动于水面。

食　　性 主要以各种鱼类、蝌蚪、昆虫及其他无脊椎动物等为食。

最佳观鸟时间 | 1 | 2 | 3 | 4 | 5 | 6 | 7 | 8 | 9 | 10 | 11 | 12 |

最佳观鸟地点 北大港湿地

保护级别 国家 II 级保护鸟类;IUCN 级别　易危 Vulnerable（VU）

非繁殖羽　　　　　　　　　　　　　陈建中　拍摄

繁殖羽　　　　　　　　　　　　　王凤琴　拍摄

47　黑颈䴙䴘(hēi jǐng pì tī)Podiceps nigricollis　旅鸟

英文名 **Black-necked Grebe**

识别要点 体长约 30cm，雌雄同色。嘴上翘，黑色的冠羽延至眼下。繁殖羽有鲜亮的长的黄色耳簇，颈全部黑色，两胁红褐色。

生态特征 游禽，活动在开阔水面，主要通过潜水觅食。

食　　性 以昆虫、小鱼、蝌蚪、蛙或其他无脊椎动物为食。

最佳观鸟时间 | 1 | 2 | 3 | 4 | 5 | 6 | 7 | 8 | 9 | 10 | 11 | 12 |

最佳观鸟地点 北大港湿地

保护级别 国家 II 级保护鸟类

四、红鹳目

PHOENICOPTERIFORMES

戎志强 拍摄

戎志强 拍摄

48 大红鹳 (dà hóng guàn) *Phoenicopterus roseus* 迷鸟

英 文 名 **Greater Flamingo**

别 名 大火烈鸟

识别要点 体长约 130cm，雌雄同色。头小，嘴粗厚，肉粉色，尖端黑色。通体白色，微沾粉红色，初级飞羽和外侧次级飞羽黑色，翅上覆羽红色。

生态特征 涉禽，栖息于浅水海岸、海湾及湖泊，成群活动。

食 性 主要以水生无脊椎动物为食，也吃浮游生物。

最佳观鸟时间

1	2	3	4	5	6	7	8	9	10	11	12

最佳观鸟地点 北大港万亩鱼塘

五、鸽形目 COLUMBIFORMES

（五）鸠鸽科 Columbidae

体型中等，雌雄相似，嘴短，基部有柔软的蜡膜，上嘴先端膨大而坚硬；翅长而尖，脚短而强，适于地面行走。

49　岩鸽(yán gē) *Columba rupestris*　留鸟

英 文 名　**Hill Pigeon**

别　　名　野鸽子

识别要点　体长约31cm，雌雄同色。头、颈蓝灰色，翅上有两道黑色横斑。尾石板灰黑色，先端黑色，中段具宽阔的白色横带。相似种家鸽腰和尾上无白色横带。

生态特征　陆禽，主要栖息于山地岩石等地，结群到山谷和平原田野觅食。早晨和午后较活跃。

食　　性　以植物种子、果实、球茎、块根为食，也吃农作物种子等。

最佳观鸟时间

1	2	3	4	5	6	7	8	9	10	11	12

最佳观鸟地点　蓟州区

陈连中 拍摄

戎志强 拍摄

50 山斑鸠(shān bān jiū)*Streptopelia orientalis* 留鸟

英 文 名 **Oriental Turtle Dove**

识别要点 体长约32cm，雌雄同色。头部蓝灰色，颈基部两侧有显著的黑灰色鳞状斑。上体羽毛深色鳞片状，红棕色羽缘。尾黑褐色，具灰白色端斑。

生态特征 陆禽，栖息于山地、平原、树林和果园、农田等地，常成对或小群活动。

食 性 主要吃植物及农作物的果实、种子、叶、芽等，也吃一些昆虫。

最佳观鸟时间 | 1 | 2 | 3 | 4 | 5 | 6 | 7 | 8 | 9 | 10 | 11 | 12 |

最佳观鸟地点 郊县

陈建中 拍摄

陈建中 拍摄

51 灰斑鸠(huī bān jiū) *Streptopelia decaocto* 留鸟

英 文 名 Eurasian Collared Dove

识别要点 体长约 32cm。雌雄同色。体色很浅,头顶灰色,后颈基部有一道黑色领环,其上下缘为白色。上体葡萄灰色,下体粉红灰色。相似种山斑鸠上背褐色,具红褐色羽缘,颈侧有斑,后颈无斑。

生态特征 陆禽,栖息于平原、低山地带树林及农田等地,多成小群活动。

食 性 主要以植物果实和种子为食,也吃农作物和昆虫等。

最佳观鸟时间

1	2	3	4	5	6	7	8	9	10	11	12

最佳观鸟地点 郊县

陈建中　拍摄

52　火斑鸠(huǒ bān jiū)*Streptopelia tranquebarica*　偶见、留鸟

英 文 名　Red Turtle Dove

识别要点　体长约 23cm，雌雄异色。雄鸟头和颈蓝灰色，后颈有一黑色领环，上体葡萄红色，飞羽黑色，外侧尾羽黑色，末端白色，喉部中央灰白，其余下体淡葡萄红色，尾下覆羽白色。雌鸟灰褐色，后颈黑色，领环较细，不如雄鸟明显。嘴黑色，脚褐红色，虹膜暗褐色。

生态特征　陆禽，栖息于山林、开阔的平原、村庄疏林及农田等地。

食　　性　主要以植物果实和种子为食，也吃农作物和昆虫等。

最佳观鸟时间

1	2	3	4	5	6	7	8	9	10	11	12

最佳观鸟地点　北大港

戎志强 拍摄

陈建中 拍摄

53 珠颈斑鸠(zhū jǐng bān jiū)*Streptopelia chinensis* 留鸟

英 文 名 **Spotted Dove**

别　　名 花背斑鸠

识别要点 体长约30cm，雌雄同色。身体暗灰褐色。后颈有宽阔黑色领圈，杂以白色斑点。外侧尾羽黑色，端部白色，飞行和着陆时明显。相似种灰斑鸠后颈有半月形黑色领环。

生态特征 陆禽，栖息于有树的平原、山地及农田地带。

食　　性 主要以植物种子尤其是农作物种子为食，也吃一些昆虫等。

最佳观鸟时间 | 1 | 2 | 3 | 4 | 5 | 6 | 7 | 8 | 9 | 10 | 11 | 12 |

最佳观鸟地点 全境

六、沙鸡目

PTEROCLIFORMES

54 毛腿沙鸡(máo tuǐ shā jī)*Syrrhaptes paradoxus* 不定期冬候鸟

英 文 名 Pallas's Sandgrouse

识别要点 体长约35cm，雌雄相似。雄鸟通体沙灰色，背部有黑色横斑，头部锈黄色，翅和尾较长，腹部有大型黑斑，胸部灰棕色，有细小横斑形成胸带。雌鸟下胸无横斑，喉部有狭窄黑色横纹，颈侧缀以黑色点斑。

生态特征 陆禽，栖息于开阔草地及林缘。多因西北地区遇暴雪，无处寻食迁往东部沿海。

食　　性 主要以植物为食。

最佳观鸟时间 | 1 | 2 | 3 | 4 | 5 | 6 | 7 | 8 | 9 | 10 | 11 | 12 |

最佳观鸟地点 西青区边村

七、夜鷹目

CAPRIMULGIFORMES

陈建中　拍摄

陈建中　拍摄

55　普通夜鹰(pǔ tōng yè yīng) *Caprimulgus indicus*　旅鸟

英 文 名　**Grey Nightjar**

别　　名　蚁母鸟　贴树皮

识别要点　体长约28cm，雌雄同色。上体灰褐色，飞羽端部有白斑，尾羽有明显的白色近端斑。雌鸟飞羽和尾上覆羽白斑较少。

生态特征　攀禽，栖息于树林、林缘、灌丛及农田地带，夜行性，白天善于伪装于阴暗的树干上。

食　　性　主要以昆虫为食，利用宽大的嘴裂和发达的口须在飞行中捕食。

最佳观鸟时间 | 1 | 2 | 3 | 4 | 5 | 6 | 7 | 8 | 9 | 10 | 11 | 12 |

最佳观鸟地点　郊县

（八）雨燕科 Apodidae

黄瀚晨　拍摄

56　短嘴金丝燕（duǎn zuǐ jīn sī yàn）*Aerodramus brevirostris*　少见旅鸟

英 文 名　**Himalayan Swiftlet**

识别要点　体长约13cm，雌雄同色。上体烟褐色，下体灰褐色，两翅狭长，尾叉状。

生态特征　攀禽，栖息于山地。

食　　性　主要以昆虫为食。

最佳观鸟时间

1	2	3	4	5	6	7	8	9	10	11	12

最佳观鸟地点　北大港湿地

王平 拍摄

57 普通雨燕(pǔ tōng yǔ yàn) *Apus apus* 夏候鸟、旅鸟

英 文 名 Common Swift

别 名 麻燕 楼燕

识别要点 体长约 17cm, 雌雄同色。通体黑褐色, 仅喉部灰白色。两翅狭长, 呈镰刀状。尾叉状, 浅凹状。幼鸟通体灰褐色。

生态特征 攀禽, 栖息于森林、平原、海岸、村镇等地, 常在建筑物缝隙中栖居。成群边飞行边捕食。每年 4 月中下旬迁来。

食 性 主要以昆虫为食。

最佳观鸟时间 | 1 | 2 | 3 | 4 | 5 | 6 | 7 | 8 | 9 | 10 | 11 | 12 |

最佳观鸟地点 全境

莫训强　拍摄

58　白腰雨燕(bái yāo yǔ yàn)*Apus pacificus*　夏候鸟、旅鸟

英 文 名　**Fork-tailed Swift**

识别要点　体长约18cm，雌雄同色。通体黑褐色，喉和腰白色，两翅狭长，尾深叉状。

生态特征　攀禽，栖息于山地、河流等地。

食　　性　主要以昆虫为食。

最佳观鸟时间

1	2	3	4	5	6	7	8	9	10	11	12

最佳观鸟地点　郊县

八、鹃形目 CUCULIFORMES

（九）杜鹃科 Cuculidae

雌雄相似。体型似鸽而瘦长。嘴长，端部微向下弯曲。；尾较长，一般与翅等长或较翅长。

陈建中 拍摄

59 红翅凤头鹃(hóng chì fēng tóu juān)*Clamator coromandus* 迷鸟

英 文 名 Chestnut-winged Cuckoo

识别要点 体长约40cm，雌雄同色。头具长的羽冠，上体黑色，有一白色领环，翅栗色。上胸淡红褐色，下胸和腹部白色。

生态特征 攀禽，栖息于低山丘陵和平原地带，也活动于园林和居民区树上。

食　　性 主要以白蚁、甲虫等昆虫为食，也吃植物果实。

最佳观鸟时间

1	2	3	4	5	6	7	8	9	10	11	12

最佳观鸟地点 公园

陈建中 拍摄

戎志强 拍摄

60 四声杜鹃(sì shēng dù juān)*Cuculus micropterus* 夏候鸟

英 文 名 **Indian Cuckoo**

别　　名 光棍好苦

识别要点 体长约30cm，雌雄同色。雄鸟上体灰褐色，尾羽有宽阔的黑色次端斑，末端白色。雌鸟胸部微带褐色。叫声为四声一度，"花花包谷"或"光棍好苦"。相似种大杜鹃下体横斑较细，叫声为"布谷"二声一度。

生态特征 攀禽，栖息于平原、低山地带树林及农田、地边树上。

食　　性 主要以昆虫为食，也吃植物种子等。

最佳观鸟时间 | 1 | 2 | 3 | 4 | 5 | 6 | 7 | 8 | 9 | 10 | 11 | 12 |

最佳观鸟地点 全境

61 中杜鹃(zhōng dù juān)*Cuculus saturatus* 夏候鸟

英 文 名 **Himalayan Cuckoo**

别 名 杜鹃 筒鸟 中咯咕

识别要点 体长约26cm,雌雄同色。上体为石板灰色,飞羽暗褐色,翼缘白色,中央尾羽黑褐色,外侧尾羽褐色,有成对排列的白斑。下胸及腹部的黑褐色横斑较大杜鹃粗阔。叫声为"嘣—嘣—"的双音节。

生态特征 攀禽,主要栖息于森林中,少量出现在林缘地带。

食 性 主要以昆虫为食,尤其喜食鳞翅目昆虫和鞘翅目昆虫。

最佳观鸟时间

1	2	3	4	5	6	7	8	9	10	11	12

最佳观鸟地点 北大港

陈建中　拍摄

戎志强　拍摄

62　大杜鹃(dà dù juān) *Cuculus canorus*　夏候鸟

英 文 名　**Common Cuckoo**

别　　名　郭公　布谷鸟　咯咕

识别要点　体长约32cm，雌雄同色。雄鸟头、胸、上体为灰褐色，尾羽最外侧两枚最短，先端白色，其余均有成对的白斑，下体灰褐色横斑，较密。雌鸟微带褐色。虹膜黄色。

生态特征　攀禽，栖息于平原、低山地带树林及农田等地的高大树木上，常单独活动。自己不筑巢。

食　　性　主要以昆虫为食。

最佳观鸟时间

1	2	3	4	5	6	7	8	9	10	11	12

最佳观鸟地点　全境

九、鸨形目
OTIDIFORMES

（十）鸨科 Otididae

63　大鸨(dà bǎo) *Otis tarda*　冬候鸟

英 文 名　**Great Bustard**

　识别要点　体长约100cm,雌雄同色。身体粗壮,头、颈灰色,其余上体淡棕色,具细的黑色横斑,前胸两侧具宽阔的栗棕色横带,前胸以下灰白色。虹膜暗褐色。嘴黄褐色,端黑。脚灰褐色,爪黑色。

　生态特征　涉禽,栖息于开阔草地及干湿地,善奔跑,飞翔技能较差。

　食　　性　主要以植物、农作物及昆虫等为食。

最佳观鸟时间

1	2	3	4	5	6	7	8	9	10	11	12

最佳观鸟地点　蓟州区

保护级别　国家Ⅰ级保护鸟类；IUCN 级别　易危 Vulnerable（VU）

十、鹤形目 GRUIFORMES

莫训强 拍摄

戎志强 拍摄

64 西秧鸡(xī yāng jī)*Rallus aquaticus* 冬候鸟

英 文 名 Water Rail

识别要点 体长约29cm,雌雄同色。上体羽色浅褐,有深褐色纵纹。下体石板灰色。两胁具横斑,极为醒目。

生态特征 涉禽,栖息于湿地的芦苇丛和灌丛等地,能在水草丛中快速行走。

食 性 主要以昆虫、小鱼及甲壳动物为食,也吃一些植物和农作物等。

最佳观鸟时间

1	2	3	4	5	6	7	8	9	10	11	12

最佳观鸟地点 水上公园

马井生 拍摄

65 斑胁田鸡(bān xié tián jī)*Zapornia paykullii* 夏候鸟

英 文 名 **Band-bellied Crake**

识别要点 体长约25cm，雌雄同色。上体橄榄褐色，喉白色，胸栗红色，两胁黑色，均有白色横斑，腹部中央白色。虹膜红色，嘴蓝黑色，下嘴尖端黄白色，脚橙黄色。

生态特征 涉禽，栖息于沼泽及河流等水域边，也出现在沿海及农田附近。多单独或小群活动，活动隐蔽，晨昏活动较为频繁。

食 性 主要以昆虫为食。

最佳观鸟时间

1	2	3	4	5	6	7	8	9	10	11	12

最佳观鸟地点 湿地

保护级别 国家Ⅱ级保护鸟类；IUCN级别 近危 Near Threatened（NT）

陈建中·拍摄

陈建中·拍摄

66　白胸苦恶鸟（bái xiōng kǔ è niǎo）*Amaurornis phoenicurus*　旅鸟

英 文 名　**White-breasted Waterhen**

识别要点　体长约33cm，雌雄同色。头枕部及上体石板灰色，脸、喉、胸等下体白色，腹部和尾下覆羽栗红色。嘴黄绿色，上嘴基部有红斑。

生态特征　涉禽，栖息于沼泽、水塘及其附近的灌丛等地。

食　　性　主要以螺、蜗牛及各种昆虫为食，也吃植物等。

最佳观鸟时间　| 1 | 2 | 3 | 4 | 5 | 6 | 7 | 8 | 9 | 10 | 11 | 12 |

最佳观鸟地点　湿地

雄鸟　　　　　　　　　　　　　　王大勇　拍摄

雌鸟　　　　　　　　　　　　　　王大勇　拍摄

67　董鸡(dǒng jī)*Gallicrex cinerea*　夏候鸟

英 文 名　**Watercock**

识别要点　体长约40cm，雌雄异色。雄鸟繁殖羽通体黑色，嘴黄绿色，嘴基至额部有一红色额甲，伸出头顶，状如鸡冠，脚黄绿色。雌鸟上体灰黑色，具黄褐色羽缘，额甲不显著。

生态特征　涉禽，栖息于沼泽、水塘及其附近的灌丛等地。

食　　性　主要以螺、蜗牛及各种昆虫为食，也吃植物等。

最佳观鸟时间

1	2	3	4	5	6	7	8	9	10	11	12

最佳观鸟地点　北大港、团泊洼

陈建中　拍摄

陈建中　拍摄

68　黑水鸡(hēi shuǐ jī)*Gallinula chloropus*　夏候鸟

英 文 名　**Common Moorhen**

别　　名　红骨顶　红冠

识别要点　体长约31cm，雌雄同色。通体黑褐色，两胁具宽阔的白色纵纹，嘴黄色，嘴基与额甲红色，尾下覆羽两侧为白色，中间黑色。水面上游泳时，尾部白斑很明显。

生态特征　涉禽，栖息于沼泽、湖泊、苇塘及水稻田等地，单独或成对活动。

食　　性　主要以水生植物、水生昆虫及软体动物为食。

最佳观鸟时间

1	2	3	4	5	6	7	8	9	10	11	12

最佳观鸟地点　湿地

陈建中 拍摄

69 白骨顶(bái gǔ dǐng)*Fulica atra* 旅鸟、夏候鸟

英 文 名 **Common Coot**

别　　名 骨顶鸡

识别要点 体长约40cm,雌雄同色。通体黑色,嘴和额甲白色,脚绿色,趾间具瓣状蹼。幼鸟色淡。

生态特征 涉禽,栖息于富有水生植物的湖泊、水库、苇塘等地,常成群活动。大部分时间处在水中,极少上岸。能较长时间潜水。

食　　性 主要以鱼、虾、水生昆虫及植物为食。

最佳观鸟时间 | 1 | 2 | 3 | 4 | 5 | 6 | 7 | 8 | 9 | 10 | 11 | 12 |

最佳观鸟地点 湿地

陈建中　拍摄

陈建中　拍摄

（十二）鹤科 Gruidae

后趾小，位置高于前三趾。

涉禽中最大者。头顶裸露无羽，嘴直而侧扁，

70　白鹤（bái hè）*Grus leucogeranus*　旅鸟

英 文 名　**Siberian Crane**

别　　名　黑袖鹤

　　识别要点　体长约 135cm，雌雄同色。头顶和脸红色，飞行时可看到黑色的翼，嘴较其他种鹤细而下曲。

　　生态特征　涉禽，栖息于沼泽及河流等水域边，几乎整日活动在沼泽中。多以小群活动。

　　食　　性　主要以植物及鱼类、虾和昆虫为食。

最佳观鸟时间

1	2	3	4	5	6	7	8	9	10	11	12

最佳观鸟地点　北大港湿地

保护级别　国家 I 级保护鸟类；IUCN级别 极危 Critically Endangered（CR）

王永刚 拍摄

71 白枕鹤(bái zhěn hè) *Grus vipio* 旅鸟

英 文 名 **White-naped Crane**

别 名 红面鹤

识别要点 体长约150cm，雌雄同色。脸、脚红色，飞羽黑色，头顶、前颈上部、后颈为白色。

生态特征 涉禽，栖息于沼泽及河流等水域边，也偶尔出现在农田附近。多以小群活动。

食 性 主要以植物及鱼类、虾和昆虫为食。

最佳观鸟时间 | 1 | 2 | 3 | 4 | 5 | 6 | 7 | 8 | 9 | 10 | 11 | 12 |

最佳观鸟地点 北大港、大黄堡湿地

保护级别 国家Ⅰ级保护鸟类；IUCN级别 易危 Vulnerable（VU）

陈建中　拍摄

72 蓑羽鹤（suō yǔ hè）*Grus virgo* 旅鸟

英 文 名 **Demoiselle Crane**

别　　名 闺秀鹤

识别要点 体长约105cm，雌雄同色。通体蓝灰色，眼先、头侧、喉和前颈黑色，眼后有一簇白色耳羽，前颈羽毛延长下垂成蓑羽，飞羽灰黑色。虹膜红色。嘴黄绿色，端部橙红色。脚黑色。

生态特征 涉禽，栖息于开阔草地、沼泽、河谷等地，常以小群活动，善于奔走。

食　　性 主要以小型鱼类、虾、水生昆虫及植物、农作物为食。

最佳观鸟时间 | 1 | 2 | 3 | 4 | 5 | 6 | 7 | 8 | 9 | 10 | 11 | 12 |

最佳观鸟地点 宁河区

保护级别 国家Ⅱ级保护鸟类

陈建中 拍摄

陈建中 拍摄

73 丹顶鹤 (dān dǐng hè) *Grus japonensis* 旅鸟

英 文 名 **Red-crowned Crane**

别 名 仙鹤

识别要点 体长约 150cm，雌雄同色。通体白色，头顶裸出皮肤鲜红色，喉、颈黑色，次级飞羽黑色。

生态特征 涉禽，栖息于富有水生植物的开阔湖泊和沼泽地带，常成对或以家族和小群活动，性机警。休息时常单腿站立，头转向后插于背羽间。

食 性 主要以鱼、虾及其他水生动物为食，也吃一些植物性食物。

最佳观鸟时间

1	2	3	4	5	6	7	8	9	10	11	12

最佳观鸟地点 北大港湿地

保护级别 国家Ⅰ级保护鸟类；IUCN 级别 濒危 Endangered（EN）

陈建中 拍摄

王凤琴 拍摄

74 灰鹤（huī hè）*Grus grus* 冬候鸟、旅鸟

英 文 名 **Common Crane**

识别要点 体长约125cm，雌雄同色。通体灰色，头顶裸出皮肤鲜红色，眼后、耳羽和后颈白色，飞羽黑褐色。

生态特征 涉禽，栖息于开阔草地、沼泽、河滩、旷野、湖泊及农田地带，常5~10余只的小群活动，迁徙和越冬期集结成数百只的大群。休息时常一只脚站立，另一只收于腹部。

食 性 杂食，但主要以植物性食物为食。

最佳观鸟时间

1	2	3	4	5	6	7	8	9	10	11	12

最佳观鸟地点 北大港、团泊洼湿地

保护级别 国家Ⅱ级保护鸟类

王永刚 拍摄

75 白头鹤(bái tóu hè)*Grus monacha* 旅鸟

英 文 名 Hooded Crane

识别要点 体长约97cm，雌雄同色。头颈白色，头顶裸出皮肤鲜红色，上、下体羽石板灰色。飞羽灰黑色。

生态特征 涉禽，栖息于富有水生植物的开阔湖泊和沼泽地带。

食 性 主要以甲壳类、小鱼及其他无脊椎动物为食。

最佳观鸟时间

1	2	3	4	5	6	7	8	9	10	11	12

最佳观鸟地点 北大港

保护级别 国家Ⅰ级保护鸟类；IUCN 级别 易危 Vulnerable(VU)

十一、鸻形目

CHARADRIIFORMES

（十三）蛎鹬科 Haematopodidae

陈建中　拍摄

陈建中　拍摄

76　蛎鹬（lì yù）*Haematopus ostralegus*　旅鸟

英 文 名　**Eurasian Oystercatcher**

别 名　海喜鹊

识别要点　体长约44cm，雌雄同色。上体大部黑色，翼上有大白斑，腰白色，胸以下白色。嘴橙红色，脚粉红色。

生态特征　涉禽，栖息于海岸、河口、湖泊、水库及农田等地，利用尖利的嘴翻动石头觅食。

食 性　以甲壳类、软体动物、小鱼及昆虫等为食。

最佳观鸟时间

1	2	3	4	5	6	7	8	9	10	11	12

最佳观鸟地点　河口、海滨滩涂

保护级别　IUCN级别　近危 Near Threatened（NT）

陈建中　拍摄

77　鹮嘴鹬（huán zuǐ yù）*Ibidorhyncha struthersii*　留鸟

英 文 名　Ibisbill

识别要点　体长约40cm，雌雄同色。身体灰色，脸部黑色，胸灰色，腹部白色，胸腹之间有黑白的窄的胸带。嘴红色，细长，向下弯曲。

生态特征　涉禽，栖息于河流沿岸。

食　　性　主要以蠕虫、昆虫为食。

最佳观鸟时间

1	2	3	4	5	6	7	8	9	10	11	12

最佳观鸟地点　蓟州区

保护级别　国家Ⅱ级保护鸟类

成鸟　　　陈建中　拍摄

幼鸟　　陈建中　拍摄

（十五）反嘴鹬科 Recurvirostridae

中型水鸟，雌雄羽色相似。嘴细长，头小，颈长，尾短小，腿细长。

陈建中　拍摄

78　黑翅长脚鹬（hēi chì cháng jiǎo yù）*Himantopus himantopus*　**夏候鸟**

英 文 名　**Black-winged Stilt**
别　　名　长腿娘子　红腿娘子
　识别要点　体长约37cm，雌雄同色。身体黑白色，粉红色的腿很长。嘴黑色，长而细尖。雄鸟繁殖羽额部白色，雌鸟头颈白色。雄鸟非繁殖羽和雌鸟相似。
　生态特征　涉禽，栖息于河流浅滩、湖泊、水库、鱼塘、水稻田及水域附近的沼泽地带。在水边的浅滩及沼泽地筑巢。
　食　　性　主要以软体动物、甲壳类、昆虫等为食。

最佳观鸟时间	1	2	3	4	5	6	7	8	9	10	11	12

最佳观鸟地点　湿地

陈建中　拍摄

陈建中　拍摄

79　反嘴鹬(fǎn zuǐ yù)*Recurvirostra avosetta*　旅鸟、夏候鸟

英 文 名　**Pied Avocet**

别　　名　反嘴大高鹬

　　识别要点　体长约43cm，雌雄同色。黑白相间的羽色。嘴细长而上翘。腿长。幼鸟偏褐色。

　　生态特征　涉禽，栖息于河流、湖泊、水库、鱼塘、水稻田及盐碱沼泽地带，有时集成大群。行走缓慢。觅食时头部左右摆动筛取水中食物。

　　食　　性　主要以甲壳类、昆虫、蠕虫等小型无脊椎动物为食。

最佳观鸟时间　| 1 | 2 | 3 | 4 | 5 | 6 | 7 | 8 | 9 | 10 | 11 | 12 |

最佳观鸟地点　湿地

陈建中 拍摄

80 凤头麦鸡(fèng tóu mài jī)*Vanellus vanellus* 旅鸟

英 文 名 **Northern Lapwing**

别　　名 小辫子　稻米鸡　洼子

识别要点 体长约30cm，雌雄同色。雄鸟繁殖羽头部有黑色反曲的长形羽冠，上体暗绿色，下体白色，胸部具宽阔的黑色环带，尾下覆羽棕色。雌鸟羽冠稍短，非繁殖羽色淡。

生态特征 涉禽，栖息于湖泊、水塘及农田地带，春天前来较早，常集成大群活动。

食　　性 主要以昆虫为食，也吃小型无脊椎动物和植物。

最佳观鸟时间

1	2	3	4	5	6	7	8	9	10	11	12

最佳观鸟地点 湿地、农田

保护级别 IUCN 级别　近危 Near Threatened（NT）

陈建中　拍摄

81　灰头麦鸡(huī tóu mài jī) *Vanellus cinereus*　旅鸟

英 文 名　Grey-headed Lapwing

识别要点　体长约35cm,雌雄同色。头、颈、胸灰色,眼先裸皮鲜黄,胸下连一黑色横带,其余下体白色。

生态特征　涉禽,栖息于沼泽、河湖岸边及水稻田等地。

食　　性　主要以昆虫、小型无脊椎动物及植物为食。

最佳观鸟时间　| 1 | 2 | 3 | 4 | 5 | 6 | 7 | 8 | 9 | 10 | 11 | 12 |

最佳观鸟地点　湿地、农田

非繁殖羽　　　　　　　　　　　　陈建中　拍摄

繁殖羽　　　　　　　　　　　　　陈建中　拍摄

82　金鸻(jīn héng)*Pluvialis fulva*　旅鸟

英 文 名　**Pacific Golden Plover**

别　　名　麻儿　大头札

识别要点　体长约25cm,雌雄同色。雄鸟上体黑色,密布金黄色斑点,额白色,向后经眉纹沿颈侧至胸侧,形成一白带,下体纯黑色。雌鸟色淡,两侧白带较雄鸟宽阔。非繁殖羽色浅。

生态特征　涉禽,栖息于沿海、河流、湖泊沿岸及沼泽、水稻田等地,以松散小群活动。

食　　性　主要以昆虫、甲壳类等为食。

最佳观鸟时间

1	2	3	4	5	6	7	8	9	10	11	12

最佳观鸟地点　沿海海滨、北大港湿地

非繁殖羽　　　　　　　　　陈建中　拍摄

换羽中　　　　　　　　　陈建中　拍摄

83　灰鸻(huī héng)*Pluvialis squatarola*　旅鸟、冬候鸟

英 文 名　Grey Plover

识别要点　体长约28cm，雌雄同色。繁殖羽上体黑白斑驳状，额白色，向后形成一白带沿头侧、眼上，再沿颈侧到胸侧、下体黑色。非繁殖羽下体黑色消失，呈淡灰色，有黑色纵纹。相似种金鸻体型较小，上体具金黄色斑点。

生态特征　涉禽，栖息于沿海、河流、湖泊沿岸及沼泽水稻田等地，集群活动。

食　　性　主要以昆虫、甲壳类等为食。

最佳观鸟时间

1	2	3	4	5	6	7	8	9	10	11	12

最佳观鸟地点　海滨

陈建中 拍摄

84 长嘴剑鸻(cháng zuǐ jiàn héng)*Charadrius placidus* 旅鸟

英 文 名 **Long-billed Plover**

识别要点 体长约22cm，雌雄同色。繁殖羽上体灰褐色，眼后具短的白色眉纹，两眼间有黑色横带相连，非繁殖羽黑色转为暗褐色。嘴黑色，基部黄色，较长。脚黄色。与金眶鸻的区别是无黑色眼带，折合的翼尖不及尾的末端。

生态特征 涉禽，栖息于湖泊、河流岸边及河滩地带。

食 性 主要以昆虫为食，也吃蚯蚓、软体动物及植物等。

最佳观鸟时间 | 1 | 2 | 3 | 4 | 5 | 6 | 7 | 8 | 9 | 10 | 11 | 12 |

最佳观鸟地点 湿地

陈建中 拍摄

陈建中 拍摄

85 金眶鸻(jīn kuàng héng)*Charadrius dubius* 夏候鸟、旅鸟

英文名 **Little Ringed Plover**

别 名 金眼圈 雀札

识别要点 体长约 16cm，雌雄同色。繁殖羽上体和头顶沙褐色，眼金黄色，颈有一白色领环，白色领环下方有一黑色领环，头有宽阔的眼罩。非繁殖羽黑色由褐色取代。

生态特征 涉禽，栖息于湖泊、河流岸边及沼泽、草地和农田地带，也出现在海滨地区。

食 性 主要以昆虫、甲壳类、软体动物等为食。

最佳观鸟时间

1	2	3	4	5	6	7	8	9	10	11	12

最佳观鸟地点 湿地

陈建中、拍摄

86 环颈鸻(huán jǐng héng)*Charadrius alexandrinus* 夏候鸟、旅鸟

英 文 名 **Kentish Plover**

别 名 蛮札 千鸟

识别要点 体长约15cm,雌雄同色。上体沙褐色,后颈有一白色领环,胸部有一黑斑,但不完整相连。脚黑色有别于金眶鸻。

生态特征 涉禽,栖息于海滨、沼泽、河口、水塘等地。在浅滩涉水觅食,时走时停,奔走迅速。

食 性 主要以昆虫及小型无脊椎动物为食。

最佳观鸟时间

1	2	3	4	5	6	7	8	9	10	11	12

最佳观鸟地点 湿地

陈建中 拍摄

87 蒙古沙鸻(měng gǔ shā héng)*Charadrius mongolus* 旅鸟

英 文 名 Lesser Sand Plover

识别要点 体长约20cm，雌雄同色。雄鸟繁殖羽喉部白色，胸部棕红色。非繁殖羽胸部的棕红色消失，仅具褐色胸带。相似种铁嘴沙鸻体型较大，较长的脚偏黄色。

生态特征 涉禽，栖息于海滨、河流、湖泊岸边及附近沼泽草地上，多在水边沙滩边跑边觅食。

食 性 主要以昆虫、软体动物及其他小型动物为食。

最佳观鸟时间

1	2	3	4	5	6	7	8	9	10	11	12

最佳观鸟地点 海滨

陈建中 拍摄

88 **铁嘴沙鸻**(tiě zuǐ shā héng)*Charadrius leschenaultii* **旅鸟**

英 文 名 **Greater Sand Plover**

识别要点 体长约23cm，雌雄同色。与蒙古沙鸻相似，观察要点见蒙古沙鸻，嘴较蒙古沙鸻粗、尖、长。

生态特征 涉禽，栖息于海滨、河流、湖泊岸边及附近沼泽、草地上，多在水边沙滩边跑边觅食。

食 性 主要以昆虫、甲壳类和软体动物为食。

最佳观鸟时间 | 1 | 2 | 3 | 4 | 5 | 6 | 7 | 8 | 9 | 10 | 11 | 12 |

最佳观鸟地点 海滨

张令声　拍摄

89　东方鸻(dōng fāng héng) *Charadrius veredus*　旅鸟

英 文 名　Oriental Plover

识别要点　体长约24cm,雌雄同色。繁殖羽头顶及上背沙褐色,有皮黄色眉纹,喉白色,前颈棕色,胸棕栗色,其下有一黑色胸带,其余下体白色,冬季胸带黑色消失。嘴黑色,脚黄褐色,虹膜褐色。

生态特征　涉禽,栖息于平原、草地、湖泊、河流岸边。

食　　性　主要以昆虫为食。

最佳观鸟时间

1	2	3	4	5	6	7	8	9	10	11	12

最佳观鸟地点　北大港湿地

王玉良 拍摄

90 水雉(shuǐ zhì)*Hydrophasianus chirurgus* 夏候鸟

英 文 名 **Pheasant-tailed Jacana**

识别要点 体长约 40cm，雌雄同色。头和前颈白色，后颈金黄色，体羽黑色，翅白色，具黑色翅尖，趾长，繁殖羽具特别长的黑色尾羽。

生态特征 涉禽，栖息于富有植物的湖泊、池塘和沼泽地带，善游泳和潜水。

食　　性 以昆虫、甲壳类等无脊椎动物和水生植物为食。

最佳观鸟时间

1	2	3	4	5	6	7	8	9	10	11	12

最佳观鸟地点 北大港、大黄堡湿地

保护级别 国家Ⅱ级保护鸟类

黑建　拍摄

91　丘鹬(qiū yù)*Scolopax rusticola*　旅鸟

英 文 名　Eurasian Woodcock

识别要点　体长约35cm，雌雄同色。嘴长粗而直，头淡灰色，头顶至枕部有4条黑色横带。上体红褐色，具黑白斑纹。下体淡黄褐色，具褐色横斑。嘴蜡黄色，尖端黑褐色。脚灰黄色。

生态特征　涉禽，栖息于林间沼泽、林缘灌丛及农田地带，白天隐伏少动，晚上飞到附近湿地觅食。

食　　性　主要以昆虫等小型无脊椎动物为食，也吃植物。

最佳观鸟时间

1	2	3	4	5	6	7	8	9	10	11	12

最佳观鸟地点　郊县

陈建中 拍摄

92 孤沙锥(gū shā zhuī)*Gallinago solitaria* 旅鸟

英 文 名 Solitary Snipe

识别要点 体长约 29cm，沙锥中个体最大者，雌雄同色。头顶中央冠纹和眉纹白色。背部有 4 条白色纵带，其余沙锥为黄色纵带。

生态特征 涉禽，栖息于沼泽、河流等地，常单独活动。

食 性 主要以昆虫、甲壳类、软体动物等小型无脊椎动物为食，也吃少量植物种子。

最佳观鸟时间

1	2	3	4	5	6	7	8	9	10	11	12

最佳观鸟地点 蓟州区

陈建中　拍摄

93　针尾沙锥(zhēn wěi shā zhuī)*Gallinago stenura*　旅鸟

英 文 名　**Pintail Snipe**

识别要点　体长约25cm,雌雄同色。静立时似扇尾沙锥,但嘴较短,折合的翼不到尾的末端。最外侧6对尾羽宽度2~4mm,特别窄而且硬。

生态特征　涉禽,主要栖息于湖泊、河流、水库及芦苇沼泽、水稻田等地,相对扇尾沙锥,在较干爽的地方活动。将嘴插入泥水中觅食。

食　　性　主要以昆虫、环节动物、甲壳类等小型动物为食。

最佳观鸟时间

1	2	3	4	5	6	7	8	9	10	11	12

最佳观鸟地点　北大港湿地

陈建中　拍摄

戎志强　拍摄

戎志强　拍摄

94　扇尾沙锥(shàn wěi shā zhuī)*Gallinago gallinago*　旅鸟

英 文 名　**Common Snipe**

别　　名　龙札

识别要点　体长约26cm，雌雄同色，颜色鲜明。上体黑褐色，有乳黄色羽缘，形成4条鲜明的纵带。头和嘴相比，嘴相对较长。

生态特征　涉禽，主要栖息于开阔的湖泊、河流、水库及芦苇沼泽、水稻田等地。常似蝶状忽上忽下飞行。

食　　性　主要以昆虫、软体动物、甲壳类等小型动物为食。

最佳观鸟时间

1	2	3	4	5	6	7	8	9	10	11	12

最佳观鸟地点　湿地

陈建中 拍摄

陈建中 拍摄

95 长嘴半蹼鹬(cháng zuǐ bàn pǔ yù) *Limnodromus scolopaceus* 旅鸟

英 文 名 Long-billed Dowitcher

识别要点 体长约 30cm, 雌雄同色。繁殖羽黑褐杂斑状, 有浅色眉纹, 下背具白色楔状斑, 下体锈红色, 胸和两侧具黑色横斑。非繁殖羽暗灰色。相似种半蹼鹬, 体型较大, 嘴和脚较短, 下背纯白色。

生态特征 涉禽, 栖息于沿海海岸及其附近沼泽地带。

食 性 主要吃昆虫、软体动物、甲壳类及水生的蠕虫, 有时也吃植物。

最佳观鸟时间

1	2	3	4	5	6	7	8	9	10	11	12

最佳观鸟地点 海滨

非繁殖羽　　　　　　　　　　陈建中　拍摄

繁殖羽　　　　　　　　　　陈建中　拍摄

96　半蹼鹬(bàn pǔ yù) *Limnodromus semipalmatus*　旅鸟

英 文 名　Asian Dowitcher

识别要点　体长约35cm,雌雄同色。繁殖羽通体赤褐色,冠眼纹黑褐色,上体有黑褐色和白色斑纹。非繁殖羽上体以灰褐色为主。嘴黑色,末端略呈球状。

生态特征　涉禽,栖息于沿海海滨、河口及湖泊、沼泽、河流等地,常在浅滩及积水草丛中觅食。

食　　性　主要以昆虫、软体动物为食。

最佳观鸟时间　| 1 | 2 | 3 | 4 | 5 | 6 | 7 | 8 | 9 | 10 | 11 | 12 |

最佳观鸟地点　湿地

保护级别　国家II级保护鸟类; IUCN 级别　近危 Near Threatened(NT)

陈建中　拍摄

陈建中　拍摄

97　黑尾塍鹬(hēi wěi chéng yù)*Limosa limosa*　旅鸟

英 文 名　**Black-tailed Godwit**

识别要点　体长约42cm,细高鲜艳,雌雄同色。繁殖羽头、后颈栗色,上体羽有粗著的黑色、红褐色和白色斑点。非繁殖羽上体灰褐色。嘴细长,基部肉红色,端黑。相似种斑尾塍鹬,脚较短,嘴向上翘。

生态特征　涉禽,栖息于沿海、湖泊、沼泽、河流及农田等生境中。

食　　性　主要以昆虫、虾等小型无脊椎动物为食。

最佳观鸟时间　| 1 | 2 | 3 | 4 | 5 | 6 | 7 | 8 | 9 | 10 | 11 | 12 |

最佳观鸟地点　湿地

保护级别　IUCN 级别　近危 Near Threatened（NT）

陈建中　拍摄

98　斑尾塍鹬(bān wěi chéng yù)*Limosa lapponica*　旅鸟

英 文 名　**Bar-tailed Godwit**

识别要点　体长约40cm，雌雄同色。繁殖羽通体栗红色，背具粗的黑斑和白色羽缘。非繁殖羽淡灰褐色。嘴细长而尖，微上翘。

生态特征　涉禽，栖息于沿海、河口及附近沼泽地带。

食　　性　主要以甲壳类、软体动物、水生昆虫等小型无脊椎动物为食。

最佳观鸟时间

1	2	3	4	5	6	7	8	9	10	11	12

最佳观鸟地点　海滨

保护级别　IUCN 级别　近危 Near Threatened（NT）

袁晓 拍摄

99　小杓鹬（xiǎo sháo yù）*Numenius minutus*　旅鸟

英 文 名　Little Curlew

识别要点　体长约30cm，雌雄同色。上体黑褐色，有皮黄色羽缘，眉纹皮黄色，嘴黑色，嘴尖端微向下弯。

生态特征　涉禽，栖息于沿海、湖泊、河岸及附近沼泽、草地等，在较干燥的农田、草地常见。成小群活动。

食　　性　主要以昆虫、软体动物等为食，也吃植物种子。

最佳观鸟时间

1	2	3	4	5	6	7	8	9	10	11	12

最佳观鸟地点　大黄堡

保护级别　国家Ⅱ级保护鸟类

陈建中　拍摄

100　中杓鹬(zhōng sháo yù) *Numenius phaeopus*　旅鸟

英 文 名　Whimbrel

识别要点　体长约43cm，雌雄同色。上体暗褐色，具淡色羽缘，头顶有较阔的条纹。嘴黑色，向下弯曲，下嘴基部肉红色。相似种小杓鹬体型较小，嘴较短。

生态特征　涉禽，栖息于沿海、湖泊、沼泽、河流及农田等生境。

食　　性　主要以昆虫、虾等小型无脊椎动物为食。

最佳观鸟时间

1	2	3	4	5	6	7	8	9	10	11	12

最佳观鸟地点　海滨

陈建中 拍摄

戎志强 拍摄

101 白腰杓鹬(bái yāo sháo yù)*Numenius arquata* 旅鸟、冬候鸟

英 文 名 Eurasian Curlew

别 名 勾鹭

识别要点 体长约55cm，雌雄同色。头顶、上体淡褐色，具黑褐色纵纹，腰白色，尾白色，有黑色横斑。嘴特别细长且向下弯曲，黑色，下嘴基部肉红色。相似种大杓鹬，通体黄褐色，腰和尾部为红褐色。

生态特征 涉禽，栖息于沿海、湖泊、沼泽等生境，将长而弯的喙插入泥水中寻找食物。

食 性 主要以昆虫、虾等小型无脊椎动物为食。

最佳观鸟时间 | 1 | 2 | 3 | 4 | 5 | 6 | 7 | 8 | 9 | 10 | 11 | 12 |

最佳观鸟地点 海滨

保护级别 国家Ⅱ级保护鸟类；IUCN级别 近危 Near Threatened（NT）

陈建中　拍摄

102　大杓鹬(dà sháo yù)*Numenius madagascariensis*　旅鸟、冬候鸟

英 文 名　**Eastern Curlew**

别　　名　红腰杓鹬

识别要点　体长约63cm，雌雄同色。体羽呈茶褐色，腰和尾红褐色，均呈花斑状。嘴特长，向下弯曲。其余与白腰杓鹬相同，区别在于白腰杓鹬腰和下背为白色，体色较淡，多为淡褐色，大杓鹬为红褐色。

生态特征　涉禽，栖息于沿海及湖泊、沼泽、河流沿岸，常在浅水处用嘴探觅食物。

食　　性　以甲壳类、昆虫等小型无脊椎动物为食。

最佳观鸟时间

1	2	3	4	5	6	7	8	9	10	11	12

最佳观鸟地点　海滨

保护级别　国家Ⅱ级保护鸟类；IUCN 级别　濒危 Endangered（EN）

繁殖羽　　　　　　　　　　　　　　　　　　　茂志强　拍摄

繁殖羽　　　　　陈建中　拍摄

非繁殖羽　　　　　陈建中　拍摄

103　鹤鹬(hè yù) *Tringa erythropus*　旅鸟

英 文 名　**Spotted Redshank**

别　　名　红腿鹬　红脚鹤鹬

　　识别要点　体长约30cm，雌雄同色。繁殖羽通体黑褐色，非繁殖羽灰褐色，眉纹白色。嘴细长而尖直，上嘴黑色，下嘴基部红色。相似种红脚鹬，体型较小，嘴较短，前黑后红，飞翔时有宽阔的白色翼斑。

　　生态特征　涉禽，栖息于沿海、湖泊、沼泽、河流沿岸等生境，常在浅水沙滩处觅食。

　　食　　性　主要以昆虫、虾等小型无脊椎动物为食。

最佳观鸟时间

1	2	3	4	5	6	7	8	9	10	11	12

最佳观鸟地点　湿地

陈建中　拍摄

104　红脚鹬(hóng jiǎo yù) *Tringa totanus*　旅鸟

英 文 名　**Common Redshank**

别　　名　红腿札

识别要点　体长约28cm，雌雄同色。繁殖羽头及上体锈褐色，具黑褐色羽干纹。嘴橙红色，端黑，直而尖。脚长，橙红色。非繁殖羽色较淡，斑纹不显。

生态特征　涉禽，主要栖息于沿海沙滩及沼泽地带，也在湖泊、河流的沼泽湿地觅食。

食　　性　主要以甲壳类、软体动物、昆虫等小型动物为食。

最佳观鸟时间

1	2	3	4	5	6	7	8	9	10	11	12

最佳观鸟地点　湿地

陈建中 拍摄

105　泽鹬(zé yù) *Tringa stagnatilis*　旅鸟

英 文 名　**Marsh Sandpiper**

识别要点　体长约23cm,雌雄同色。嘴黑色,十分细长,脚黄绿色。繁殖羽上体灰褐色,具黑色斑纹,前颈、胸部有黑褐色纵纹。非繁殖羽色淡。

生态特征　涉禽,栖息于湖泊、沼泽、河流及沿海浅水处,集小群活动。

食　　性　主要以昆虫、软体动物、甲壳类等小型无脊椎动物为食,也吃小鱼等。

最佳观鸟时间　| 1 | 2 | 3 | 4 | 5 | 6 | 7 | 8 | 9 | 10 | 11 | 12 |

最佳观鸟地点　湿地

陈建中 拍摄

106 青脚鹬(qīng jiǎo yù) *Tringa nebularia* 旅鸟

英 文 名 **Common Greenshank**

识别要点 体长约32cm，雌雄同色。嘴长，基部较粗，微向上翘。脚较长，青绿色。繁殖羽上体灰褐色，非繁殖羽头和颈的颜色很淡，下体纯白色，仅胸侧具不甚明显的黑色纵纹。飞行时脚伸至尾后。

生态特征 涉禽，多在沙滩、泥地中活动和觅食。

食　　性 主要以昆虫、虾、小鱼等小型动物为食。

最佳观鸟时间

1	2	3	4	5	6	7	8	9	10	11	12

最佳观鸟地点 湿地

小青脚鹬

莫训强　拍摄

107　小青脚鹬(xiǎo qīng jiǎo yù) *Tringa guttifer*　旅鸟

英 文 名　**Nordmann's Greenshank**

　　识别要点　体长约32cm，雌雄同色。嘴较粗，微向上翘，尖端黑色。脚较短、黄色。繁殖羽上体黑褐色，下体白色，前颈、胸、两肋具黑色圆形斑点。非繁殖羽灰褐色，下体纯白色，飞行时脚不伸至尾后。

　　生态特征　涉禽，多在沙滩、泥地中活动和觅食。

　　食　　性　主要以昆虫、虾、小鱼等小型动物为食。

最佳观鸟时间

1	2	3	4	5	6	7	8	9	10	11	12

最佳观鸟地点　滨海浴场

保护级别　国家Ⅰ级保护鸟类；IUCN级别　濒危 Endangered (EN)

108 白腰草鹬(bái yāo cǎo yù) *Tringa ochropus* 旅鸟

英 文 名 **Green Sandpiper**

识别要点 体长约23cm,雌雄同色。繁殖羽头部黑褐色,有白色眉纹,双翼颜色较深,与下体白色呈鲜明对比。非繁殖羽色淡,呈灰色,纵纹不明显。嘴暗绿色,端黑。脚橄榄绿色。飞行时白腰很明显。

生态特征 涉禽,栖息于湖泊、沼泽、河流岸边,单只或小群活动。

食 性 主要以蠕虫、昆虫、虾等小型无脊椎动物为食,也吃鱼和稻谷。

最佳观鸟时间

1	2	3	4	5	6	7	8	9	10	11	12

最佳观鸟地点 湿地

陈建中　拍摄

109　林鹬(lín yù) *Tringa glareola*　旅鸟

英 文 名　**Wood Sandpiper**

识别要点　体长约20cm,雌雄同色。繁殖羽上体黑褐色,有白色斑点,翼下颜色较淡,有白色眉纹。相似种白腰草鹬体型较大,白色眉纹较短,不伸向眼后。

生态特征　涉禽,栖息于湖泊、沼泽、河流、水库及水田等各类生境中,常在水边浅滩和沙石地活动。

食　　性　主要以昆虫、甲壳类等小型无脊椎动物为食。

最佳观鸟时间

1	2	3	4	5	6	7	8	9	10	11	12

最佳观鸟地点　湿地

莫训强　拍摄

陈建中　拍摄

110　灰尾漂鹬(huī wěi piāo yù) *Tringa brevipes*　旅鸟

英 文 名　**Grey-tailed Tattler**

别　　名　灰鹬

　识别要点　体长约25cm，雌雄同色。繁殖羽上体灰色，有白色眉纹，腹和尾下覆羽白色，其余下体白色，有灰色横斑。非繁殖羽下体白色，无横斑。嘴黑色，下嘴基部黄色，脚黄色，虹膜暗褐色。

　生态特征　涉禽，主要栖息于湖泊、水塘、沿海地带。

　食　　性　主要在海边觅食小型甲壳类、软体动物等。

最佳观鸟时间

1	2	3	4	5	6	7	8	9	10	11	12

最佳观鸟地点　海滨

保护级别　IUCN 级别　近危 Near Threatened（NT）

陈建中 拍摄

111 翘嘴鹬(qiào zuǐ yù)*Xenus cinereus* 旅鸟

英 文 名 Terek Sandpiper

识别要点 体长约23cm，雌雄同色。留意长而尖的黑嘴，基部橙黄色，明显上翘，黄色的腿相对较短。繁殖羽上体灰褐色，肩部有黑色纵带。非繁殖羽肩部黑色纵带消失。

生态特征 涉禽，栖息于沿海海滨、河口及湖泊、沼泽、河流等泥滩岸边，觅食时常跑来跑去。

食 性 主要以甲壳类、软体动物、昆虫等小型无脊椎动物为食。

最佳观鸟时间

1	2	3	4	5	6	7	8	9	10	11	12

最佳观鸟地点 海滨

陈建中 拍摄

陈建中 拍摄

112 矶鹬(jī yù)*Actitis hypoleucos* 旅鸟

英 文 名 **Common Sandpiper**

别 名 普通鹬

识别要点 体长约18cm,雌雄同色。繁殖羽上体黑褐色,头部有白色眉纹和黑色贯眼纹,站立时在肩部形成白斑为辨认的主要特征。飞行时可见宽阔的白色翼带。

生态特征 涉禽,栖息于河流、湖泊、海岸河口等湿地。站立时不住地点头、摆尾,飞翔时两翅朝下扇动,身体呈弓形,常贴近地面低飞。

食 性 主要以昆虫为食,也吃其他无脊椎动物和小鱼等。

最佳观鸟时间 | 1 | 2 | 3 | 4 | 5 | 6 | 7 | 8 | 9 | 10 | 11 | 12 |

最佳观鸟地点 湿地

陈建中 拍摄

113 翻石鹬(fān shí yù)*Arenaria interpres* 旅鸟

英 文 名 **Ruddy Turnstone**

识别要点 体长约23cm,雌雄同色。躯体健壮。繁殖羽上体棕红色,有黑、白色斑,胸部有大块的黑斑。非繁殖羽上体变为暗褐色,黑白斑也不甚明显。橙色的短腿和飞行时黑白相隔的翼很抢眼。

生态特征 涉禽,栖息于沿海海滨、河口及湖泊、沼泽、河流等地,常在石砾浅水滩活动。

食　性 主要以浅滩小石块下的甲壳类、软体动物、昆虫等小型无脊椎动物为食,也吃少量植物。

最佳观鸟时间

1	2	3	4	5	6	7	8	9	10	11	12

最佳观鸟地点 海滨

保护级别 国家Ⅱ级保护鸟类

陈建中 拍摄

114 大滨鹬(dà bīn yù)*Calidris tenuirostris* 旅鸟

英 文 名 Great Knot

  识别要点 体长约27cm，雌雄同色。体型大而丰满，嘴较长，末端向下弯。繁殖羽肩部具明显的赤褐色，胸部密布黑色斑点。非繁殖羽色较淡，肩部的赤褐色消失。

  生态特征 涉禽，栖息于湖泊、河流、河口等水域岸边和附近的沼泽地带，常成群活动；喜欢在浅水边活动和觅食。

  食 性 以昆虫、甲壳类和软体动物为食。

最佳观鸟时间

1	2	3	4	5	6	7	8	9	10	11	12

最佳观鸟地点 海滨

保护级别 国家Ⅱ级保护鸟类；IUCN 级别 濒危 Endangered（EN）

陈建中　拍摄

115　红腹滨鹬(hóng fù bīn yù)*Calidris canutus*　旅鸟

英 文 名　Red Knot

识别要点　体长约 24 cm，雌雄同色。短脚的矮胖涉禽，嘴粗壮。繁殖羽上体灰褐色，头顶有黑色中央纹，下体栗红色很明显。非繁殖羽栗红色消失，通体以灰色为主。

生态特征　涉禽，栖息于湖泊、河流、河口等浅水水域，常单独或成小群活动。喜欢在浅水边活动和觅食。

食　　性　主要以软体动物、甲壳类和昆虫等为食，也吃部分植物。

最佳观鸟时间

1	2	3	4	5	6	7	8	9	10	11	12

最佳观鸟地点　海滨

保护级别　IUCN 级别　近危 Near Threatened（NT）

非繁殖羽　　　　　　　　　　　　　　　　陈建中　拍摄

繁殖羽　　　　　　　　　　　　　　　　　陈建中　拍摄

116　三趾滨鹬(sān zhǐ bīn yù)*Calidris alba*　旅鸟

英 文 名　**Sanderling**

识别要点　体长约 20 cm，雌雄同色。繁殖羽上体和胸部棕红色，具黑色纵纹。非繁殖羽浅灰色，肩部黑色。嘴和脚黑色，没有后趾。

生态特征　涉禽，栖息于海岸、河口及沿海沼泽地带，常成群活动。喜欢在沙滩活动和觅食，随着海水的涨落奔跑。

食　　性　以甲壳类和软体动物、昆虫为食。

最佳观鸟时间

1	2	3	4	5	6	7	8	9	10	11	12

最佳观鸟地点　海滨

繁殖羽　　　　　　　　　　　　　　　　　陈建中　拍摄

非繁殖羽　　　　　　　　　　　　　　　　陈建中　拍摄

117　红颈滨鹬(hóng jǐng bīn yù) *Calidris ruficollis*　旅鸟

英 文 名　**Red-necked Stint**

别　　名　东方小札

　识别要点　体长约15cm，雌雄同色。繁殖羽上体红褐色，头顶、后颈具黑褐色纵纹，喉、胸部红褐色。非繁殖羽红褐色消失，成为灰褐色。脚黑色。

　生态特征　涉禽，栖息于湖泊、河流、沿海地带，常成群活动。喜欢在浅水边活动和觅食。

　食　　性　以昆虫、甲壳类和软体动物为食。

最佳观鸟时间

1	2	3	4	5	6	7	8	9	10	11	12

最佳观鸟地点　海滨

保护级别　IUCN 级别　近危 Near Threatened（NT）

陈建中　拍摄

陈建中　拍摄

118　小滨鹬 (xiǎo bīn yù) *Calidris minuta*　旅鸟

英 文 名　**Little Stint**

识别要点　体长约14cm，雌雄同色。繁殖羽上体和胸侧棕红色，具黑色斑点，喉白色，上背有清晰易见的白色 V 形纹。三级飞羽和翼覆羽的边缘红棕色。具浅色眉纹。

生态特征　涉禽，栖息于江河、湖泊、水塘、海岸及水稻田等地，集群活动。常在浅水中涉水觅食。

食　　性　主要以各种水生昆虫、昆虫幼虫、小型软体动物和甲壳动物为食。

最佳观鸟时间

1	2	3	4	5	6	7	8	9	10	11	12

最佳观鸟地点　海滨

陈建中　拍摄

119　青脚滨鹬(qīng jiǎo bīn yù)*Calidris temminckii*　旅鸟

英 文 名　**Temminck's Stint**

别　　名　乌腿小扎

识别要点　体长约14cm，雌雄同色。羽色比较平淡均匀，脚黄色或绿色。繁殖羽上体黄褐色，头颈部有黑褐色细纵纹。非繁殖羽色淡，灰褐色。

生态特征　涉禽，栖息于湖泊、河流、沿海沼泽和农田地带。喜欢在浅水边活动和觅食。飞行迅速，方向多变。性机警。

食　　性　以昆虫、甲壳类和软体动物为食。

最佳观鸟时间　| 1 | 2 | 3 | 4 | 5 | 6 | 7 | 8 | 9 | 10 | 11 | 12 |

最佳观鸟地点　湿地

陈建中　拍摄

陈建中　拍摄

120　长趾滨鹬(cháng zhǐ bīn yù)*Calidris subminuta*　旅鸟

英 文 名　**Long-toed Stint**

识别要点　体长约14cm，雌雄同色。上体花纹明显，白色眉纹显著。繁殖羽红棕色，非繁殖羽灰褐色，背部有粗著的黑褐色斑纹及白色羽缘。脚黄绿色，趾较长，中趾的长度超过嘴长。

生态特征　涉禽，喜欢在富有植物的浅水泥地或沙滩活动和觅食，结小群活动。

食　　性　主要以昆虫、甲壳类和软体动物为食。也吃小鱼和植物种子。

最佳观鸟时间

1	2	3	4	5	6	7	8	9	10	11	12

最佳观鸟地点　湿地

陈建中　拍摄

121　斑胸滨鹬(bān xiōng bīn yù)*Calidris melanotos*　迷鸟

英 文 名　**Pectoral Sandpiper**

识别要点　体长约22cm，雌雄同色。雄鸟前颈至胸黑褐色，有白色斑点。雌鸟前颈至胸黄褐色，有粗著的黑褐色纵纹。胸以下雌雄均为白色。二者间分界极为明显。嘴微向下弯。

生态特征　涉禽，喜欢在沼泽和水边草地上活动和觅食。

食　　性　主要以各种昆虫、昆虫幼虫及其他无脊椎动物和植物种子为食。

最佳观鸟时间

1	2	3	4	5	6	7	8	9	10	11	12

最佳观鸟地点　北塘

繁殖羽   陈建中　拍摄

122　尖尾滨鹬(jiān wěi bīn yù) *Calidris acuminata*　旅鸟

英 文 名　**Sharp-tailed Sandpiper**

　　识别要点　体长约 19cm，雌雄同色。头顶和上体棕红色，有细的黑色纵纹。上胸棕黄色，有黑褐色斑点。两胁有"V"形斑，为野外辨认的特征之一。

　　生态特征　涉禽，栖息于沿海、河口及附近的低草地和农田地带，常成小群活动。

　　食　　性　主要以蚂蚁等昆虫为食，也吃甲壳类和软体动物。

最佳观鸟时间

1	2	3	4	5	6	7	8	9	10	11	12

最佳观鸟地点　湿地

陈建中 拍摄

123 阔嘴鹬(kuò zuǐ yù)*Calidris falcinellus* 旅鸟

英 文 名 **Broad-billed Sandpiper**

识别要点 体长约17cm，雌雄同色。繁殖羽头顶黑褐色，有两道白色眉纹，背部红褐色，有黑色中央斑和白色羽缘。胸部灰褐色，有褐色斑点。其余下体白色。虹膜暗褐色。嘴黑色，较长，基部平扁膨大，尖端向下弯。脚黑色。

生态特征 涉禽，栖息于湖泊、河流、沿海地带，常成群活动。喜欢在海边浅水处活动和觅食。

食性 以甲壳类和软体动物、环节动物和昆虫等为食。

最佳观鸟时间

1	2	3	4	5	6	7	8	9	10	11	12

最佳观鸟地点 海滨

保护级别 国家Ⅱ级保护鸟类

陈建中 拍摄

陈建中 拍摄

陈建中 拍摄

124　流苏鹬 (liú sū yù) *Calidris pugnax*　旅鸟

英　文　名　**Ruff**

识别要点　体长 23～28cm，雌雄异色。雄鸟较雌鸟显著大，且羽毛更鲜艳多变。体大而肥胖，腹大、背驼。雄鸟繁殖羽头部有竖直的耳状簇羽，在前颈和胸部有流苏状饰羽。雌鸟多为黑色，胸和两胁有黑色斑点。

生态特征　涉禽，栖息于海岸、水塘附近的沼泽地上，集群，常边走边觅食。

食　　性　主要以昆虫及无脊椎动物为食。

最佳观鸟时间

1	2	3	4	5	6	7	8	9	10	11	12

最佳观鸟地点　湿地

繁殖羽　　　　　　　　　　　　　　陈建中　拍摄

非繁殖羽　　　　　　　　　　　　　陈建中　拍摄

125　弯嘴滨鹬(wān zuǐ bīn yù)*Calidris ferruginea*　旅鸟

英 文 名　**Curlew Sandpiper**

识别要点　体长约21cm，雌雄同色。嘴黑色，嘴基白色，较长，明显下弯。繁殖羽身体栗红色，背部有黑色中央斑和白色羽缘。非繁殖羽灰褐色，白色眉纹明显。

生态特征　涉禽，栖息于湖泊、河流、沿海地带，常成群在浅水沙滩、泥地活动和觅食。

食　　性　以甲壳类、软体动物和水生昆虫为食。

最佳观鸟时间　| 1 | 2 | 3 | 4 | 5 | 6 | 7 | 8 | 9 | 10 | 11 | 12 |

最佳观鸟地点　湿地

保护级别　IUCN 级别　近危 Near Threatened（NT）

繁殖羽　　　　　陈建中　拍摄

非繁殖羽　　　　　陈建中　拍摄

亚成鸟　　　　　　　　　　陈建中　拍摄

126　黑腹滨鹬(hēi fù bīn yù)*Calidris alpina*　旅鸟、冬候鸟

英 文 名　Dunlin

　　识别要点　体长约19cm，雌雄同色。嘴黑色，尖端微向下弯。繁殖羽上体栗红色，以腹部中央黑色斑块来识别。非繁殖羽灰褐色，腹部白色。

　　生态特征　涉禽，栖息于湖泊、河流、河口等水域岸边和附近的沼泽地带，常密集成群活动。喜欢在浅水处活动和觅食。

　　食　　性　以昆虫、甲壳类和软体动物为食。

最佳观鸟时间

1	2	3	4	5	6	7	8	9	10	11	12

最佳观鸟地点　*海滨*

陈建中　拍摄

127　红颈瓣蹼鹬(hóng jǐng bàn pǔ yù) *Phalaropus lobatus*
旅鸟

英 文 名　**Red-necked Phalarope**

识别要点　体长约20cm,雌雄同色。嘴细而尖,黑色。繁殖羽上体灰黑色,前颈栗红色,下体白色。非繁殖羽上体灰色,下体白色。

生态特征　涉禽,在近海的浅水处栖息活动。

食　　性　以水生昆虫、甲壳类等无脊椎动物为食。

最佳观鸟时间

1	2	3	4	5	6	7	8	9	10	11	12

最佳观鸟地点　北大港湿地

北大港救助站　　　　王玉良　拍摄

北大港救助站　　　　王玉良　拍摄

128　黄脚三趾鹑（huáng jiǎo sān zhǐ chún）*Turnix tanki*　夏候鸟

英 文 名　**Yellow-legged Buttonquail**

识别要点　体长约16cm，雌雄同色。上体羽灰褐色，两侧有较大的黑色斑点，胸部栗色，腹部灰白色。以飞行中出现的黄脚辨认。

生态特征　陆禽，栖息于灌丛草地，也见于林缘、疏林和农田地带，常在灌丛和草丛中潜行，很少飞行。

食　　性　主要以植物、昆虫及其他小型动物为食。

最佳观鸟时间

1	2	3	4	5	6	7	8	9	10	11	12

最佳观鸟地点　郊县

成鸟　　　　　　　　　陈建中　拍摄

亚成鸟　　　　　　　　陈建中　拍摄

129　普通燕鸻(pǔ tōng yàn héng) *Glareola maldivarum*　夏候鸟

英　文　名　**Oriental Pratincole**

别　　　名　土燕　千鸟

识别要点　体长约25cm,雌雄同色。上体茶褐色。尾黑褐色,叉状。繁殖羽喉乳黄色,有黑色圆环包围,非繁殖羽喉部圆环模糊。幼鸟体羽淡棕黄色,喉部无圆环。

生态特征　涉禽,栖息于开阔原野、农田及水域附近的沼泽地带。喜集群,飞行似燕。地上筑巢。

食　　　性　主要以昆虫为食,也吃甲壳类等小型动物。

最佳观鸟时间　| 1 | 2 | 3 | 4 | 5 | 6 | 7 | 8 | 9 | 10 | 11 | 12 |

最佳观鸟地点　湿地周边

（二十一）鸥科 Laridae

英训强 拍摄

130 三趾鸥（sān zhǐ ōu）*Rissa tridactyla* 罕见旅鸟

英 文 名 **Black-legged Kittiwake**

识别要点 体长约 40cm，雌雄同色。头、颈、尾和下体白色，背、肩和翅灰色，嘴黄色，脚黑色，尾叉状。

生态特征 游禽，栖息于海滨等地。

食 性 主要以小鱼、虾、甲壳类、软体动物、昆虫为食。

最佳观鸟时间

1	2	3	4	5	6	7	8	9	10	11	12

最佳观鸟地点 湿地

保护级别 IUCN 级别 易危 Vulnerable（VU）

陈建中　拍摄

131　棕头鸥(zōng tóu ōu)*Chroicocephalus brunnicephalus*　旅鸟

英 文 名 **Brown-headed Gull**

别　　名 笑鸥

识别要点 体长约45cm,雌雄同色。繁殖羽头淡褐色,有黑色领圈。非繁殖羽头白色,眼后有一暗色斑。嘴和脚深红色。

生态特征 游禽,栖息于河流、湖泊、水库、鱼塘、海滨等地。

食　　性 主要以小鱼、虾、甲壳类、软体动物、昆虫为食。

最佳观鸟时间

1	2	3	4	5	6	7	8	9	10	11	12

最佳观鸟地点 湿地

繁殖羽　　　　　　　　　　　　　　　　　　陈建中　拍摄

非繁殖羽　　　　　　　　　　　　　　　　　　陈建中　拍摄

132　红嘴鸥(hóng zuǐ ōu)*Chroicocephalus ridibundus*　冬候鸟、旅鸟

　英 文 名　**Black-headed Gull**
　别　　名　笑鸥
　识别要点　体长约40cm，雌雄同色。繁殖羽头棕色，眼后有一新月形白斑。非繁殖羽头白色，脸侧有黑色斑。嘴和脚鲜红色。幼鸟枕部缀以灰褐色，尾白色，具黑色横带。
　生态特征　游禽，栖息于河流、湖泊、水库、鱼塘、海滨等地，集群活动。
　食　　性　主要以小鱼、虾、甲壳类、软体动物、昆虫为食。

最佳观鸟时间	1	2	3	4	5	6	7	8	9	10	11	12

　最佳观鸟地点　湿地

繁殖羽　　　　　　　　　　　　　　　　　陈建中　拍摄

非繁殖羽　　　　　　　　　　　　　　　　陈建中　拍摄

133　黑嘴鸥(hēi zuǐ ōu)*Saundersilarus saundersi*　旅鸟、冬候鸟

英 文 名　Saunders's Gull

识别要点　体长约33cm，雌雄同色。注意短厚的黑色的嘴。繁殖羽头黑色，眼后缘有白斑。非繁殖羽头白色，头顶有淡褐色斑，耳后有黑色斑点。幼鸟背部微沾褐色，头顶有暗褐色斑。脚红色。

生态特征　游禽，栖息于海岸、湖泊、盐碱沼泽等地，常成小群活动。

食　　性　主要以昆虫、甲壳类、软体动物等为食。

最佳观鸟时间

1	2	3	4	5	6	7	8	9	10	11	12

最佳观鸟地点　海滨

保护级别　国家Ⅰ级保护鸟类；IUCN级别　易危 Vulnerable（VU）

非繁殖羽　　　　　　　　　　　　　　陈建中　拍摄

繁殖羽　　　　　　　　　　　　　　陈建中　拍摄

134　遗鸥(yí ōu) *Ichthyaetus relictus*　冬候鸟

英 文 名　**Relict Gull**

识别要点　体长约45cm，雌雄同色。体型较红嘴鸥大。繁殖羽头黑色，眼上下各有一半月形白斑明显。嘴、脚暗红色。第一年非繁殖羽头白色，耳区有暗色斑，淡色羽毛和黑色的嘴、脚对比强烈。

生态特征　游禽，主要栖息于沿海水域，常成群活动。

食　　性　主要以小鱼、昆虫等为食。

最佳观鸟时间　| 1 | 2 | 3 | 4 | 5 | 6 | 7 | 8 | 9 | 10 | 11 | 12 |

最佳观鸟地点　海滨

保护级别　国家 I 级保护鸟类；IUCN 级别　易危 Vulnerable（VU）

莫训强 拍摄

戚志强 拍摄

135 渔鸥(yú ōu)*Ichthyaetus ichthyaetus* 旅鸟

英 文 名 **Pallas's Gull**

识别要点 体长约65cm，雌雄同色。繁殖羽头黑色，眼周白色，初级飞羽白色有黑色亚端斑，嘴粗厚，黄色，亚端斑黑色，尖端红色。非繁殖羽头白色，眼周有黑色，嘴尖仅有红斑而无黑斑，头后有暗色纵纹。

生态特征 游禽,栖息于沿海海岸及湖泊、河流、鱼塘等地。

食 性 主要以鱼类为食。

最佳观鸟时间 | 1 | 2 | 3 | 4 | 5 | 6 | 7 | 8 | 9 | 10 | 11 | 12 |

最佳观鸟地点 海滨

陈建中　拍摄

136　黑尾鸥(hēi wěi ōu)*Larus crassirostris*　旅鸟、冬候鸟

英 文 名　**Black-tailed Gull**

识别要点　体长约47cm,雌雄同色。繁殖羽通体白色,上体深灰色,尾部有黑带,嘴黄色,末端有红色和黑色。非繁殖羽枕部和后颈缀以灰褐色。当年幼鸟通体褐色。

生态特征　游禽,栖息于沿海海岸及湖泊、河流、鱼塘等地,常和其他鸥类成群活动。

食　　性　主要以水面上层的鱼类为食,也吃虾、软体动物等。

最佳观鸟时间　| 1 | 2 | 3 | 4 | 5 | 6 | 7 | 8 | 9 | 10 | 11 | 12 |

最佳观鸟地点　海滨

陈建中　拍摄

陈建中　拍摄

137　普通海鸥(pǔ tōng hǎi' ōu)*Larus canus*　旅鸟

英文名　Mew Gull

识别要点　体长约45cm，雌雄同色。繁殖羽翼和上体灰色，和黑色的翼尖对比分明，翼尖有鲜明的白斑。非繁殖羽头和颈有淡褐色条纹。嘴和脚黄色。幼鸟嘴粉红或淡褐色，有黑色斑点。

生态特征　游禽，主要栖息于沿海水域，成小群活动，有时和其他鸥类一起觅食。

食　　性　主要以小鱼、甲壳类、软体动物、昆虫为食。

最佳观鸟时间

1	2	3	4	5	6	7	8	9	10	11	12

最佳观鸟地点　海滨

陈建中 拍摄

138 北极鸥(běi jí ōu)*Larus hyperboreus* 冬候鸟

英 文 名 Glaucous Gull

识别要点 体长约80cm,雌雄同色。嘴黄色,下嘴尖端有一红斑,头、颈和下体白色,上体灰白色,脚粉红色。

生态特征 游禽,栖息于河流、湖泊及河口等地。

食 性 主要以鱼类和水生无脊椎动物为食。

最佳观鸟时间 | 1 | 2 | 3 | 4 | 5 | 6 | 7 | 8 | 9 | 10 | 11 | 12 |

最佳观鸟地点 湿地

莫训强　拍摄

139　小黑背银鸥(xiǎo hēi bèi yín ōu) *Larus fuscus*　旅鸟

英 文 名　Lesser Black-backed Gull

　　识别要点　体长约60cm,雌雄同色。嘴黄色,下嘴尖端有一红斑,头、颈和下体白色,上体深灰色,脚黄色。

　　生态特征　游禽,栖息于河流、湖泊及河口等地,成对或小群活动于水面上,在岩石或地面休息。

　　食　　性　主要以鱼类和水生无脊椎动物为食。

最佳观鸟时间　| 1 | 2 | 3 | 4 | 5 | 6 | 7 | 8 | 9 | 10 | 11 | 12 |

最佳观鸟地点　湿地

陈建中 拍摄

140 西伯利亚银鸥(xī bó lì yà yín ōu)*Larus smithsonianus* 旅鸟

英 文 名 Siberian Gull

识别要点 体长约60cm,雌雄同色。嘴黄色,下嘴尖端有一红斑,头、颈和下体白色,上体蓝灰色,脚粉红色。

生态特征 游禽,栖息于河流、湖泊及河口等地,成对或小群活动于水面上,在岩石或地面休息。

食 性 主要以鱼类和水生无脊椎动物为食。

最佳观鸟时间

| 1 | 2 | 3 | 4 | | 6 | 7 | 8 | 9 | 10 | 11 | 12 |

最佳观鸟地点 湿地

陈建中　拍摄

141　鸥嘴噪鸥(ōu zuǐ zào ōu **) *Gelochelidon nilotica*　旅鸟**

英文名　Gull-billed Tern

别　　名　鸥嘴海燕

**识别要点　** 体长约 39cm,雌雄同色。色淡,黑色的嘴粗壮。繁殖羽头黑色,尾呈深叉状。非繁殖羽头白色,眼后有一片黑色斑块。相似种灰翅浮鸥,体型小,嘴和脚红色。

**生态特征　** 游禽,栖息于河流、湖泊、水库和沼泽等地。

**食　　性　** 主要以昆虫和小鱼等为食。

最佳观鸟时间

1	2	3	4	5	6	7	8	9	10	11	12

最佳观鸟地点　海滨

陈建中　拍摄

陈建中　拍摄

142　红嘴巨燕鸥(hóng zuǐ jù yàn ōu)*Hydroprogne caspia*　旅鸟

英 文 名　Caspian Tern

识别要点　体长约 49cm，雌雄同色。繁殖羽额至头顶黑色，有短的冠羽。上体灰色，下体白色。嘴粗大，红色，端黑。

生态特征　游禽，栖息于沿海沙滩、沼泽及湖泊、河流等地。

食　　性　以小鱼为食，也吃甲壳类等水生无脊椎动物。

最佳观鸟时间

1	2	3	4	5	6	7	8	9	10	11	12

最佳观鸟地点　北大港湿地、海滨

陈建中　拍摄

陈建中　拍摄

143 白额燕鸥(bái é yàn ōu)*Sternula albifrons* 夏候鸟

英文名 **Little Tern**

别　名 小海燕

识别要点 体长约24cm，雌雄同色。繁殖羽额白色，头部黑色。尾白色，呈深叉状。嘴黄色，端黑，脚橙黄色。幼鸟上体杂有褐色和皮黄色斑纹。

生态特征 游禽，栖息于河流、湖泊、水库、鱼塘等多种水域。常成群活动。常觅食于浅水地带。

食　性 主要以小鱼和水生无脊椎动物为食。

最佳观鸟时间 | 1 | 2 | 3 | 4 | 5 | 6 | 7 | 8 | 9 | 10 | 11 | 12 |

最佳观鸟地点 湿地

陈建中 拍摄

144 普通燕鸥(pǔ tōng yàn ōu)*Sterna hirundo* 夏候鸟

英文名 **Common Tern**

别　　名 长翅海燕

识别要点 体长约35cm，雌雄同色。繁殖羽头部黑色，上体灰色。外侧尾羽黑色，很长，呈深叉状。幼鸟上体有黑白斑纹。嘴黑色，基部红色。

生态特征 游禽，栖息于河流、湖泊、水库、沼泽、海岸等地，成小群活动在水面上。

食　　性 主要以小鱼和水生无脊椎动物为食。

最佳观鸟时间

1	2	3	4	5	6	7	8	9	10	11	12

最佳观鸟地点 七里海

陈建中　拍摄

145　灰翅浮鸥(huī chì fú ōu)*Chlidonias hybrida*　夏候鸟

英 文 名　**Whiskered Tern**

识别要点　体长约25cm，雌雄同色。繁殖羽头顶黑色，颊部白色。上体灰色，尾羽叉状。前颈和胸暗灰色，腹部和两胁黑色。嘴红色，端黑，脚红色。相似种白翅浮鸥繁殖羽头、颈、下体为黑色。

生态特征　游禽，栖息于河流、湖泊、水库、鱼塘、海岸沼泽等地，成群活动在水面上。

食　　性　主要以小鱼和水生无脊椎动物为食。

最佳观鸟时间

1	2	3	4	5	6	7	8	9	10	11	12

最佳观鸟地点　湿地

陈建中　拍摄

146　白翅浮鸥（ bái chì fú ōu ）*Chlidonias leucopterus*　旅鸟

英 文 名　**White-winged Tern**

别 名　白翅黑海燕

识别要点　体长约23cm，雌雄同色。繁殖羽头、颈、背和下体黑色，飞行时白色的翼和深色的身体对比明显，尾羽呈浅叉状。嘴暗红色，脚红色。幼鸟头顶为黑褐色，眼前和眼后耳区有黑色斑点。

生态特征　游禽，栖息于河流、湖泊、水库、鱼塘、河口沼泽等地，成小群活动在水面上。

食 性　主要以小鱼和虾及水生无脊椎动物为食。

最佳观鸟时间

1	2	3	4	5	6	7	8	9	10	11	12

最佳观鸟地点　湿地

十二、鹳形目 CICONIIFORMES

陈建中 拍摄

（二十二）鹳科 Ciconiidae

体型较大的涉禽，雌雄相似；长腿长嘴，嘴型粗壮，翅形长而宽阔，飞行时颈伸直，尾短而圆。

147 黑鹳(hēi guàn)*Ciconia nigra* 旅鸟

英 文 名 Black Stork

别 名 锅鹳 黑老鹳

识别要点 体长约100cm，雌雄同色。嘴、颈、腿均长，头颈、上体均为黑色，有紫绿色金属光泽，下体白色。嘴、腿及眼周裸露皮肤为红色。幼鸟身体褐色。

生态特征 涉禽，栖息于河流、水库等水域，在有水草的浅水处和潮湿地上觅食。

食 性 主要以鱼为食，也吃蛙、蜥蜴及无脊椎动物等。

最佳观鸟时间

1	2	3	4	5	6	7	8	9	10	11	12

最佳观鸟地点 北大港、七里海湿地

保护级别 国家Ⅰ级保护鸟类

陈建中　拍摄

陈建中　拍摄

148　东方白鹳（dōng fāng bái guàn）*Ciconia boyciana*　夏候鸟、旅鸟、冬候鸟

英 文 名　**Oriental Stork**

别　　名　白老鹳

识别要点　体长约115cm，雌雄同色。全身白色，翅为黑色。飞行时黑色的翅与白色体羽成鲜明的对比。嘴黑色，嘴基下部皮肤裸露为红色。幼鸟体羽污黄色。

生态特征　涉禽，多在有水草的浅水处活动觅食，步履轻盈矫健，边走边啄食。白天活动，晚上聚群夜宿。

食　　性　食物有鱼、蛙、小型啮齿类、软体动物、昆虫等。

最佳观鸟时间　| 1 | 2 | 3 | 4 | 5 | 6 | 7 | 8 | 9 | 10 | 11 | 12 |

最佳观鸟地点　北大港、七里海湿地

保护级别　国家Ⅰ级保护鸟类；IUCN级别　濒危Endangered（EN）

十三、鲣鸟目

SULIFORMES

陈建中　拍摄

陈建中　拍摄

（二十二）鸬鹚科 Phalacrocoracidae

雌雄相似，嘴成圆锥形，狭长而尖，先端下弯呈钩状，颈长，尾长而硬直。

149　普通鸬鹚(pǔ tōng lú cí) *Phalacrocorax carbo*　旅鸟

英 文 名　Great Cormorant

别　　名　鱼鹰子　黑鱼郎　鱼老鸦

识别要点　体长约80cm，雌雄同色。嘴长而端部向下钩曲，繁殖羽脸部有红斑，颈侧有白色丝状羽毛，胁部有白斑，飞行时很明显。

生态特征　游禽，栖息于池塘、湖泊、水库等地区，群体活动，并常与其他水鸟结群捕食，喜欢栖落在水中的木桩上休息、展翅。

食　　性　以各种鱼类为食。

最佳观鸟时间

1	2	3	4	5	6	7	8	9	10	11	12

最佳观鸟地点　湿地

十四、鹈形目

PELECANIFORMES

陈建虫 拍摄

王凤琴 拍摄

（二十四）鹮科 Threskiornithidae

中型涉禽，雌雄同色，嘴细长而钝，向下弯曲，尖端呈匙状或圆锥状，飞行时颈和脚伸直。

150 彩鹮（cǎi huán）*Plegadis falcinellus* 迷鸟

英 文 名 Glossy Ibis

识别要点 体长约50cm，雌雄同色。嘴黑色，细长而向下弯曲，通体为铜栗色而富有光泽。脚较长，为绿黑色。

生态特征 涉禽，栖息于湖泊、沼泽等淡水水域，善飞行。

食 性 以水生昆虫、甲壳类等小型无脊椎动物为食。

最佳观鸟时间

1	2	3	4	5	6	7	8	9	10	11	12

最佳观鸟地点 北大港湿地

保护级别 国家 I 级保护鸟类

陈建中 拍摄

陈建中 拍摄

151 白琵鹭(bái pí lù)*Platalea leucorodia* 夏候鸟、旅鸟、冬候鸟

英文名 **Eurasian Spoonbill**

别　名 大勺嘴　划拉子

识别要点 体长约85cm，雌雄同色。通体白色，飞羽先端为黑色。嘴长而扁，呈琵琶形。繁殖羽后枕部有长而呈发丝状的橙黄色冠羽，前颈下部具橙黄色环带。

生态特征 涉禽，栖息于河流、湖泊、水库岸边及其他芦苇沼泽浅水处，常成群活动，休息时常在水边呈"一"字形排开。多在晨昏活动。

食　性 主要以小型动物为食。

最佳观鸟时间 | 1 | 2 | 3 | 4 | 5 | 6 | 7 | 8 | 9 | 10 | 11 | 12 |

最佳观鸟地点 北大港、七里海湿地

保护级别 国家Ⅱ级保护鸟类

黑脸琵鹭

马井生　拍摄

152　黑脸琵鹭(hēi liǎn pí lù)*Platalea minor*　迷鸟

英　文　名　**Black-faced Spoonbill**

识别要点　体长约76cm,雌雄同色。通体白色。嘴长而直,黑色,先端扩大成匙状。头部裸露部位为黑色,眼前有黑色眼圈,腿黑色。繁殖羽后枕部有长而呈发丝状的黄色冠羽,前颈下部具黄色颈圈。虹膜深红色。相似种白琵鹭,体型较大,嘴前端黄色,脸部裸露部黄色。

生态特征　涉禽,栖息于河流、湖泊、水库岸边及其他芦苇沼泽浅水处。常单独或成小群活动。

食　　性　主要以小鱼、虾及其他小型动物为食。主要在白天觅食。

最佳观鸟时间

1	2	3	4	5	6	7	8	9	10	11	12

最佳观鸟地点　北大港、七里海湿地

保护级别　国家Ⅰ级保护鸟类;IUCN级别　濒危 Endangered(EN)

（二十五）鹭科 Ardeidae

体型纤瘦的中型涉禽，嘴型长而直，侧扁，颈细长，尾短，飞行时颈部后缩，翼宽大，摆动缓慢。

陈建中　拍摄

153　大麻鳽（dà má yán）*Botaurus stellaris*　夏候鸟、旅鸟、冬候鸟

英 文 名　Eurasian Bittern

别　　名　文蒙　蒲鸡

识别要点　体长约75cm，雌雄同色。身体粗胖，上体黄褐色，有波浪状黑色斑纹，下体棕黄色，前颈和胸有棕色纵纹。

生态特征　涉禽，栖息于水域附近的芦苇丛及沼泽湿地。遇人时，嘴指向天空，颈部羽毛散开。多在晚上活动，常单独站立于浅水中，静候食物，飞行笨拙，5月繁殖。

食　　性　主要以鱼、虾、水生昆虫等为食。

最佳观鸟时间　| 1 | 2 | 3 | 4 | 5 | 6 | 7 | 8 | 9 | 10 | 11 | 12 |

最佳观鸟地点　湿地

王建华　拍摄

戎志强　拍摄

154　黄斑苇鳽(huáng bān wěi yán)*Ixobrychus sinensis*　夏候鸟

英 文 名　**Yellow Bittern**

别　　名　小水骆驼　刮刮鸡

识别要点　体长约32cm，雌雄同色。雄鸟头顶黑色，飞行时黑色飞羽与皮黄色覆羽成强烈的对比。雌鸟头顶为栗褐色。幼鸟全身褐色较深，并布满纵纹。

生态特征　涉禽，常沿沼泽地苇塘飞翔。繁殖期5～7月份，在苇丛中筑巢，呈圆盘状。

食　　性　主要以小鱼、虾、昆虫等为食。

最佳观鸟时间

1	2	3	4	5	6	7	8	9	10	11	12

最佳观鸟地点　湿地

王玉良 拍摄

155 栗苇鳽(lì wěi yán)*Ixobrychus cinnamomeus* 夏候鸟

英 文 名 **Cinnamon Bittern**

别 名 水骆驼

识别要点 体长约30cm,雌雄异色。雄鸟上体栗红色;翅黑褐色;下体黄褐色;腿黑绿色;上嘴上部黑色,下半部及下嘴黄色,嘴基黄色。雌鸟较雄鸟色暗,杂有白色斑点。

生态特征 栖息于芦苇沼泽、水塘、溪流等地,夜间活动,性胆小,多在隐蔽处活动,很少飞行。

食 性 主要以小鱼、黄鳝、虾、昆虫等为食,也吃少量植物。

最佳观鸟时间

1	2	3	4	5	6	7	8	9	10	11	12

最佳观鸟地点 湿地

陈建中 拍摄

156 夜鹭(yè lù)*Nycticorax nycticorax* 夏候鸟

英 文 名 **Black-crowned Night Heron**

别 名 五位鹭 夜游

识别要点 体长约61cm，雌雄同色。头大而体胖，黑色、白色和灰色很有特色地配合，繁殖羽枕部有两三枚带状白色饰羽，极为醒目。幼鸟具褐色纵纹及点斑。

生态特征 涉禽，白天藏于树上，叫声粗犷。夜间活动。每年2月底或3月初迁来天津，8月陆续迁走。

食 性 主要以鱼、蛙、虾、水生昆虫等为食。

最佳观鸟时间

1	2	3	4	5	6	7	8	9	10	11	12

最佳观鸟地点 湿地

157 绿鹭(lù lù)*Butorides striata* 罕见旅鸟

英 文 名 **Striated Heron**

识别要点 体长约43cm，雌雄同色。头顶黑色，有长的黑色冠羽，具绿色金属光泽。颈和上体绿色，喉白色，胸和两胁灰色，腹部和尾下覆羽污白色。虹膜黄色，嘴黑色，脚黄绿色。

生态特征 涉禽，栖息于有树木的河流、沼泽、水库、水塘岸边，性孤独，晨昏活动。

食 性 主要以小鱼、蛙、甲壳类等小动物为食。

最佳观鸟时间

1	2	3	4	5	6	7	8	9	10	11	12

最佳观鸟地点 湿地

陈建中　拍摄

158　池鹭（chí lù）*Ardeola bacchus*　夏候鸟

英 文 名　**Chinese Pond Heron**

别　　名　赤头白鹭　紫鹭

识别要点　体长约47cm，雌雄同色。身体深栗色、石板蓝和白色醒目地配合起来。飞行时白色的翅膀非常易于识别。

生态特征　涉禽，栖息于稻田、池塘、湖泊、水库和沼泽湿地等水域，在树上筑巢，也常和夜鹭、白鹭在一棵树上筑巢活动，性较大胆。

食　　性　主要以小鱼、蟹、虾及昆虫等为食。

最佳观鸟时间

1	2	3	4	5	6	7	8	9	10	11	12

最佳观鸟地点　湿地

繁殖羽　　　　　　　　　　　　　　　　　陈建中　拍摄

非繁殖羽　　　　　　　　　　　　　　　　陈建中　拍摄

159　牛背鹭(niú bèi lù)*Bubulcus ibis*　夏候鸟

英 文 名　Cattle Egret

　　识别要点　体长约50cm，雌雄同色。通体白色，粗壮，繁殖羽头、颈和背中央有长的橙黄色饰羽。飞行时头缩到背上，颈向下突出，像一个大喉囊，身体呈驼背状。非繁殖羽全身白色，无饰羽。

　　生态特征　涉禽，栖息于平原草地、牧场、水库池塘等地，常伴随牛群活动，喜欢站在牛背上或跟随在耕田的牛后啄食翻耕出来的昆虫和牛背上的寄生虫。

　　食　　性　主要以水牛及家畜从草地上引来的昆虫为食，兼食鱼、蛙等。

最佳观鸟时间　| 1 | 2 | 3 | 4 | 5 | 6 | 7 | 8 | 9 | 10 | 11 | 12 |

最佳观鸟地点　湿地

陈建中　拍摄

郭建军　拍摄

160　苍鹭（cāng lù）*Ardea cinerea*　夏候鸟

英 文 名　**Grey Heron**

别　　名　灰鹭　长脖老等　青庄

识别要点　体长约92cm，雌雄同色。上体浅灰色，飞行时黑色的翼明显，上下扇动缓慢。

生态特征　涉禽，生境广泛，多立于浅水边缘处，注视水面，俗称"老等"。多晨昏活动，叫声粗而高。晚上多成群栖息于高大的树上。

食　　性　主要以各种小鱼为食。

最佳观鸟时间　| 1 | 2 | 3 | 4 | 5 | 6 | 7 | 8 | 9 | 10 | 11 | 12 |

最佳观鸟地点　湿地

陈建中·拍摄

161　草鹭(cǎo lù)*Ardea purpurea*　夏候鸟

英 文 名　**Purple Heron**

别　　名　紫鹭　黄庄

识别要点　体长约80cm，雌雄同色。体羽以红褐色为主。颈细长、棕色。嘴黄褐色，长而尖。脚细长。

生态特征　涉禽，喜栖息于长有大片芦苇和水生生物的水域。单独或成对活动。白天尤其是晨昏，常在浅水边低头觅食，也长时间单脚站立等候鱼群，行动缓慢。

食　　性　主要以小鱼、蛙、甲壳类等小动物为食。

最佳观鸟时间　| 1 | 2 | 3 | 4 | 5 | 6 | 7 | 8 | 9 | 10 | 11 | 12 |

最佳观鸟地点　湿地

陈建中　拍摄

戎志强　拍摄

162　大白鹭(dà bái lù)*Ardea alba*　旅鸟

英 文 名 Great Egret

别　　名　大白庄　白洼

识别要点　体长约95cm，雌雄同色。繁殖羽嘴黑，背上有蓑羽，脸部裸露皮肤蓝绿色。嘴角有条黑线到达眼后，可与中白鹭区别。非繁殖羽蓑羽脱落，脸部黄色，嘴黄而端部深色。

生态特征　涉禽，常单只或结成10余只的小群活动，多在开阔水域附近的草地上活动。站立时头缩于肩背部。步行时亦缩着脖，缓慢地一步一步地前进。飞行时颈部缩成"S"形，两腿后伸。

食　　性　主要以昆虫、小鱼、虾等为食。

最佳观鸟时间　| 1 | 2 | 3 | 4 | 5 | 6 | 7 | 8 | 9 | 10 | 11 | 12 |

最佳观鸟地点　湿地

陈建中 拍摄

163 中白鹭 (zhōng bái lù) *Ardea intermedia*　旅鸟

英 文 名　**Intermediate Egret**

识别要点　体长约 69cm，雌雄同色。全身白色，嘴黄色、端黑，腿脚黑色。繁殖羽背及胸有松软的披针形饰羽，嘴部黑色增多。相似种白鹭，体型小，嘴冬夏均为黑色，繁殖羽头后有两枚披针形饰羽。

生态特征　涉禽，栖息于湖泊、溪流、水塘、海边、沼泽地带，飞行时头缩至肩背处，颈向下曲成袋状，两脚向后伸直。

食性　以各种小鱼、黄鳝、蛙及其他无脊椎动物为食。

最佳观鸟时间

1	2	3	4	5	6	7	8	9	10	11	12

最佳观鸟地点　湿地

陈建中　拍摄

陈建中　拍摄

164　白鹭(bái lù)*Egretta garzetta*　夏候鸟

英 文 名　**Little Egret**

别　　名　小白庄　小白鹭

识别要点　体长约60cm, 雌雄同色。全身白色, 脸部裸露皮肤黄绿色。繁殖羽颈背长有2根细长而柔软的矛状饰羽, 后背和前胸亦长有蓑羽。嘴黑色, 腿黑色, 趾黄色。

生态特征　涉禽, 栖息于湖泊、溪流、水塘、沼泽地带, 在高大的树上筑巢, 有时与夜鹭、池鹭混栖树上。

食　　性　以各种小鱼、黄鳝、蛙及其他无脊椎动物为食。

最佳观鸟时间　

1	2	3	4	5	6	7	8	9	10	11	12

最佳观鸟地点　湿地

陈建中 拍摄

陈建中 拍摄

165 黄嘴白鹭(huáng zuǐ bái lù)*Egretta eulophotes* 旅鸟

英 文 名 **Chinese Egret**

　　识别要点 体长约 68cm，雌雄同色。全身白色，繁殖羽嘴黄色，腿黑色，趾黄色，眼先蓝色，枕部有松软的矛状冠羽，背部和前颈有蓑状长羽。相似种白鹭体型小，嘴冬夏均为黑色。中白鹭头无冠羽，嘴夏季黑色，冬季黄色。

　　生态特征 涉禽，栖息于湖泊、溪流、水塘、海边、沼泽地带。

　　食　　性 以各种小鱼、黄鳝、蛙及其他无脊椎动物为食。

最佳观鸟时间

1	2	3	4	5	6	7	8	9	10	11	12

最佳观鸟地点 湿地

保护级别 国家 I 级保护鸟类；IUCN 级别 易危 Vulnerable(VU)

陈建中 拍摄

陈建中 拍摄

（二十六）鹈鹕科 Pelecanidae

大型水鸟，雌雄同色，嘴有很大的囊袋，翼长，尾和脚短。

166 卷羽鹈鹕(juǎn yǔ tí hú)*Pelecanus crispus* 旅鸟

英 文 名 **Dalmatian Pelican**

别 名 淘河 塘鹅

识别要点 体长约175cm，雌雄同色。体羽为银白色，冠羽呈散乱的卷曲状，眼周裸露皮肤和喉囊黄色。

生态特征 游禽，栖息于河口、湖泊、沼泽等地，善游泳。

食 性 主要以各种鱼类、蝌蚪及其他动物等为食。

最佳观鸟时间 | 1 | 2 | 3 | 4 | 5 | 6 | 7 | 8 | 9 | 10 | 11 | 12 |

最佳观鸟地点 北大港湿地

保护级别 国家 I 级保护鸟类；IUCN级别 近危 Near Threatened（NT）

十五、鹰形目

ACCIPITRIFORMES

王建华 拍摄

戎志强 拍摄

167 鹗(è) *Pandion haliaetus* 旅鸟

英 文 名 **Osprey**

别　　名 云头豹　白抓

识别要点 体长约55cm，雌雄同色。头颈白色，宽的黑色冠眼纹延至枕部，上体暗褐色，下体白色，胸具赤褐色斑纹。

生态特征 猛禽，栖息于湖泊、河流等水域，多在水面缓慢地低空飞行，有时也在高空盘旋，也常栖于水域的木桩上。

食　　性 主要以鱼为食。

最佳观鸟时间

1	2	3	4	5	6	7	8	9	10	11	12

最佳观鸟地点 湿地

保护级别 国家Ⅱ级保护鸟类

陈建中　拍摄

（二十八）鹰科 Accipitridae

食肉性猛禽，嘴短而且强壮，尖端向下弯曲呈钩状，上嘴左右两侧具弧状垂突，四趾有锐利且弯曲的爪。

陈建中　拍摄

168　黑翅鸢(hēi chì yuān)*Elanus caeruleus*　留鸟

英 文 名 **Black-winged Kite**

识别要点 体长约30cm，雌雄同色。身体灰色、白色和黑色，有红眼圈，尾平，中间稍凹，呈浅叉状。

生态特征 猛禽，栖于有乔木和灌木的开阔原野、农田等地，单独活动,常停歇在大树或电线杆上，捕食空中飞过的小鸟或昆虫。

食　　性 主要以鼠类、昆虫、鸟类等为食。

最佳观鸟时间 | 1 | 2 | 3 | 4 | 5 | 6 | 7 | 8 | 9 | 10 | 11 | 12 |

最佳观鸟地点 北大港

保护级别 国家Ⅱ级保护鸟类

陈建中　拍摄

戎志强　拍摄

169　凤头蜂鹰(fèng tóu fēng yīng) *Pernis ptilorhynchus*　旅鸟

英 文 名　**Oriental Honey Buzzard**

识别要点　体长约58cm,雌雄同色。羽色变异较大,头侧有短而硬的鳞片状羽,头后枕部有短的羽冠,额灰色,喉白色,有窄的黑色中央纵纹,上体暗褐色,尾形细长,呈灰褐色,有5条褐色宽带斑及若干灰白色波状横斑。嘴形直而稍长,微钩曲,黑色;脚黄色,虹膜金黄色。

生态特征　猛禽,栖息于森林、疏林和林缘地带,多单独活动。

食　　性　主要以蜂以及蜂蜜、蜂蜡和幼虫为食,也吃小动物。

最佳观鸟时间

1	2	3	4	5	6	7	8	9	10	11	12

最佳观鸟地点　全境

保护级别　国家Ⅱ级保护鸟类

陈建中 拍摄

陈建中 拍摄

170 秃鹫(tū jiù)*Aegypius monachus* 留鸟

英 文 名 **Cinereous Vulture**

识别要点 体长约100cm,雌雄同色。体形巨大,飞行时双翼宽长,翼缘带有锯齿,尾呈楔状。通体黑褐色,后颈完全裸出无羽,颈基部有长的淡黑褐色羽簇形成的皱翎。

生态特征 猛禽,多栖息于山地、林缘,也到平原村庄等地。在高空翱翔窥视地面,主要以大型动物的尸体为食,也偶尔低空飞行,攻击小型兽类、两栖类及鸟类等。

食 性 主要以大型动物腐尸为主,也吃小型兽类、两栖类及鸟类。

最佳观鸟时间

1	2	3	4	5	6	7	8	9	10	11	12

最佳观鸟地点 蓟州区

保护级别 国家Ⅰ级保护鸟类;IUCN级别 近危Near Threatened(NT)

王玉良 拍摄

171 乌雕（wū diāo）*Clanga clanga* 旅鸟

英 文 名 Greater Spotted Eagle

别 名 皂雕

识别要点 体长约70cm，雌雄同色。成鸟通体暗褐色，背微具紫色光泽，尾羽黑褐色，具隐约的深褐色横斑和淡色端斑；尾上覆羽白色，尾短而圆。飞行时两翼宽长，不上举。下体稍淡，喉、胸黑褐色，其余下体及尾下覆羽淡黄褐色。跗蹠被羽；嘴黑色、基部较淡，蜡膜和趾黄色，爪黑褐色。

生态特征 猛禽，喜栖于河流、沼泽地带附近的疏林、平原或林缘地带。

食 性 主要以野兔、鼠类、鱼和鸟类等为食。

最佳观鸟时间

1	2	3	4	5	6	7	8	9	10	11	12

最佳观鸟地点 罕见

保护级别 国家Ⅰ级保护鸟类；IUCN级别 易危Vulnerable（VU）

张今卓 拍摄

172 草原雕（cǎo yuán diāo）*Aquila nipalensis* 旅鸟

英 文 名 **Steppe Eagle**

识别要点 体长约65cm，雌雄同色。体色变化较大。成鸟通体土褐色，尾羽黑褐色，尾上覆羽棕白色，有淡色横斑。幼鸟体色较淡，翼上有淡色横斑，翼下有白色横带。嘴黑褐色，虹膜褐色，蜡膜暗黄色，趾黄色，爪黑色。相似种金雕滑翔时两翅上举，草原雕平举。

生态特征 猛禽，主要栖息于开阔地带，常栖落于地面或树桩上，通常低飞。分布郊县平原田野。

食　　性 以鼠类、野兔和小鸟等为食。

最佳观鸟时间

1	2	3	4	5	6	7	8	9	10	11	12

最佳观鸟地点 罕见

保护级别 国家Ⅰ级保护鸟类；IUCN级别　濒危Endangered（EN）

戎志强　拍摄

173　金雕(jīn diāo)*Aquila chrysaetos*　留鸟

英 文 名　Golden Eagle
别　　名　洁白雕　红头雕
识别要点　体长约85cm,雌雄同色。体羽暗褐色,头后、枕部羽毛尖锐,呈金黄色的披针形,尾灰褐色,具黑色横斑和端斑。幼鸟尾羽和翼有白斑。
生态特征　猛禽,栖息环境较广,山区较多,也常在林中草地、沼泽、河谷等开阔地觅食,捕食方式多样。
食　　性　主要捕食较大型鸟类、野兔、蛇等。
最佳观鸟时间

1	2	3	4	5	6	7	8	9	10	11	12

最佳观鸟地点　蓟州区
保护级别　国家Ⅰ级保护鸟类

陈建中 拍摄

陈建中 拍摄

174 赤腹鹰(chì fù yīng)*Accipiter soloensis* 夏候鸟、旅鸟

英 文 名 **Chinese Sparrowhawk**

识别要点 体长约33cm，雌雄同色。和其他猛禽的区别在于远处看无横斑，飞翔时下体白色，仅翅尖黑色。嘴基有橙色蜡膜。雄鸟头部、上体蓝灰色，胸部和两胁淡粉红色，雌鸟体色稍深。未成年鸟下体有斑纹。

生态特征 猛禽，栖息于林缘、农田和村庄附近，常在树桩上休息。

食　　性 主要以蛙、蜥蜴等为食，也吃鼠类、小型鸟类及昆虫等。

最佳观鸟时间 | 1 | 2 | 3 | 4 | 5 | 6 | 7 | 8 | 9 | 10 | 11 | 12 |

最佳观鸟地点 郊县

保护级别 国家Ⅱ级保护鸟类

莫训强　拍摄

175　日本松雀鹰（rì běn sōng què yīng）*Accipiter gularis*　夏候鸟

英 文 名　**Japanese Sparrowhawk**

识别要点　体长约27cm，雌雄异色。雄鸟上体黑灰色，头后杂有白色，尾具4道暗色横斑，胸浅棕色，腹部具非常细的羽干纹。雌鸟上体褐色，下体色浅，具浓密的褐色横斑。

生态特征　猛禽，栖息于山地森林和林缘地带，也见于农田附近。

食　　性　主要以动物为食。

最佳观鸟时间

1	2	3	4	5	6	7	8	9	10	11	12

最佳观鸟地点　郊县

保护级别　国家Ⅱ级保护鸟类

陈建中　拍摄

176　雀鹰(què yīng)*Accipiter nisus*　夏候鸟、旅鸟

英 文 名　**Eurasian Sparrowhawk**

别　　名　大花鹞

识别要点　体长约32cm，雌雄异色。上体颜色一般较淡，胸、腹有横纹和白色眉纹。雄鸟上体暗灰色。雌鸟上体灰褐色，喉部纵纹较雄鸟粗阔。相似种松雀鹰喉无褐色纵细纹，仅具粗的中央纹。

生态特征　猛禽，栖息于山地森林和林缘地带，也见于农田附近。可在飞行中捕捉，也能在地面上猎取。

食　　性　主要以动物为食。

最佳观鸟时间

1	2	3	4	5	6	7	8	9	10	11	12

最佳观鸟地点　蓟州区

保护级别　国家Ⅱ级保护鸟类

陈建中 拍摄

陈建中 拍摄

177 苍鹰(cāng yīng) *Accipiter gentilis* 旅鸟

英 文 名 **Northern Goshawk**

别　　名 黄鹰　破和　鸡鹰

识别要点 体长约56cm,雌雄同色。上体羽毛呈石板灰色,有白色眉纹,下体污白色,喉部具细的黑褐色纵纹,胸、腹部满布暗褐色纤细的横斑纹。雌鸟似雄鸟,但羽色暗淡,体型较大。幼鸟上体褐色浓重。

生态特征 猛禽,栖息于树林、林缘及平原丘陵地带,常隐藏在树上,发现猎物突然捕获。

食　　性 主要以动物为食物。

最佳观鸟时间

1	2	3	4	5	6	7	8	9	10	11	12

最佳观鸟地点 蓟州区

保护级别 国家Ⅱ级保护鸟类

卢学强　拍摄

戎志强　拍摄

178　白腹鹞(bái fù yào)*Circus spilonotus*　旅鸟

英 文 名　**Eastern Marsh Harrier**

　　识别要点　体长约50cm，雌雄异色。雄鸟上体黑褐色，下体白色，喉和胸有黑褐色纵纹。雌鸟暗褐色，具锈色纵纹。

　　生态特征　猛禽，栖息于开阔水域及其附近地区，在芦苇草甸觅食时多低空飞翔。多栖息在地面土堆上。

　　食　　性　以小型鸟类、鼠类、蛙等为食，也捕食一些中型水鸟。

最佳观鸟时间

1	2	3	4	5	6	7	8	9	10	11	12

最佳观鸟地点　郊区

保护级别　国家Ⅱ级保护鸟类

雌鸟　　　　　　　　　　　　　陈建中　拍摄

雄鸟　　　　　　　　　　　　　陈建中　拍摄

179　白尾鹞(bái wěi yào)*Circus cyaneus*　旅鸟

英文名　**Hen Harrier**

别　　名　灰鹞　白抓　鸡鵟

识别要点　体长约50cm,雌雄异色。雄鸟辨认时留意头和上体灰色,翅尖黑色,腰白色。雌鸟上体褐色,腰部白色抢眼,尾和翼下有明显的横带。滑翔时两翅上举成"V"字形,并不时抖动。

生态特征　猛禽,栖息于湖泊、沼泽、平原、农田等开阔地,常沿地面低空飞行,捕食主要在地上。

食　　性　以小型鸟类、鼠类、大型昆虫等为食。

最佳观鸟时间

1	2	3	4	5	6	7	8	9	10	11	12

最佳观鸟地点　湿地

保护级别　国家Ⅱ级保护鸟类

雌鸟 陈建中 拍摄

雄鸟 陈建中 拍摄

180 鹊鹞(què yào) *Circus melanoleucos* 旅鸟、夏候鸟

英 文 名 Pied Harrier

别 名 喜鹊鹞 黑白花鹞

识别要点 体长约42cm,雌雄异色。雄鸟呈黑白体色,较容易辨认。雌鸟上体暗褐色,下体白色,杂有黑褐色纵纹。尾部有4~5条黑色条纹。

生态特征 猛禽,栖息活动于开阔地区,也常在林缘及灌丛、草地、沼泽捕食。

食 性 以小鸟、鼠类、昆虫等为食。

最佳观鸟时间 | 1 | 2 | 3 | 4 | 5 | 6 | 7 | 8 | 9 | 10 | 11 | 12 |

最佳观鸟地点 湿地

保护级别 国家Ⅱ级保护鸟类

陈建中　拍摄

陈建中　拍摄

181　黑鸢(hēi yuān)*Milvus migrans*　旅鸟

英 文 名　**Black Kite**

别　　名　老鹞鹰　毛鹰　黑耳鸢

识别要点　体长约65cm，雌雄同色。头顶褐色，有白色相杂或相间的纵纹，背褐色，双翅展开时翅下形成的两块大的白色块斑甚显著。尾羽叉形，下体棕褐色，腹部白色条纹变粗。嘴黑色，蜡膜和下嘴基部黄绿色，脚黄色，虹膜暗褐色。相似种普通鵟，尾为圆尾，不呈叉状，且在高空翱翔时两翅上举成"V"字形，而鸢在空中两翅平伸，不上举。

生态特征　猛禽，栖息于较开阔地带，在大树上筑巢。

食　　性　主要以小鸟、老鼠、蛇、蛙、鱼、野兔及昆虫等动物性食物为食。

最佳观鸟时间　| 1 | 2 | 3 | 4 | 5 | 6 | 7 | 8 | 9 | 10 | 11 | 12 |

最佳观鸟地点　郊县

保护级别　国家Ⅱ级保护鸟类

陈建中 拍摄

182　白尾海雕(bái wěi hǎi diāo)*Haliaeetus albicilla*　冬候鸟

英 文 名　**White-tailed Sea Eagle**

别　　名　芝麻雕

识别要点　体长约85cm,雌雄同色。成鸟身体暗褐色,头和颈淡色,尾白色,嘴大、黄色。幼鸟深褐色,有斑点。飞行时双翼平直伸展。

生态特征　猛禽,栖息于有树木的水域或有湖泊、河流的森林地区。常在水面上低飞觅食。

食　　性　主要以鱼为食,也吃一些鸟类和小型哺乳动物。

最佳观鸟时间　| 1 | 2 | 3 | 4 | 5 | 6 | 7 | 8 | 9 | 10 | 11 | 12 |

最佳观鸟地点　北大港、七里海湿地

保护级别　国家Ⅰ级保护鸟类

莫训强　拍摄

183　灰脸鵟鹰(huī liǎn kuáng yīng)*Butastur indicus*　旅鸟

英 文 名　**Grey-faced Buzzard**

识别要点　体长约45cm，雌雄同色。头褐色，上体暗褐色，脸颊和耳羽灰色，尾灰褐色，有3道宽的黑褐色横斑。喉白色，具黑褐色中央纵纹，其余下体白色，具密集的棕褐色横斑，嘴黑色，基部和蜡膜黄色，脚黄色，虹膜黄色。

生态特征　猛禽，栖息于林缘、草地、农田等开阔地。

食　　性　主要以小型蛇类、鼠类、野兔、小鸟等为食。

最佳观鸟时间　| 1 | 2 | 3 | 4 | 5 | 6 | 7 | 8 | 9 | 10 | 11 | 12 |

最佳观鸟地点　蓟州区

保护级别　国家Ⅱ级保护鸟类

陈建中 拍摄

184 毛脚鵟（máo jiǎo kuáng）*Buteo lagopus* 冬候鸟、旅鸟

英 文 名 **Rough-legged Hawk**

　　识别要点 体长约54cm，雌雄同色。上体暗褐色，具淡色羽缘。尾白色，具宽阔的黑褐色亚端斑。下体近白色，具褐色纵纹。跗蹠被羽至趾基。通过飞翔时呈扇形的、具有黑色亚端斑的白色尾就可辨认。

　　生态特征 猛禽，多在开阔的原野或农田上空盘旋，也在树上或电线杆上等待觅食。

　　食　　性 主要以鼠类、小鸟为食，也捕食野兔等较大型动物。

最佳观鸟时间 | 1 | 2 | 3 | 4 | 5 | 6 | 7 | 8 | 9 | 10 | 11 | 12 |

最佳观鸟地点 北大港湿地

保护级别 国家Ⅱ级保护鸟类

185 大鵟（dà kuáng）*Buteo hemilasius* 冬候鸟、旅鸟

英 文 名 Upland Buzzard
别 名 花豹
识别要点 体长约70cm，雌雄同色。体色变化较大。上体通常为暗褐色，下体白色至棕黄色，具暗色斑纹，尾具多道暗色横斑。在三种鵟中体型最大，飞翔时棕黄色的翼具白色斑。跗蹠前面被羽，个别仅及跗蹠中部。普通鵟跗蹠仅部分被羽，毛脚鵟跗蹠被羽直达趾基。
生态特征 猛禽，栖息于山地平原和林缘地带，也见于芦苇沼泽、农田附近。
食 性 主要以鼠类、蛙、野兔、昆虫等为食。
最佳观鸟时间

1	2	3	4	5	6	7	8	9	10	11	12

最佳观鸟地点 全境
保护级别 国家Ⅱ级保护鸟类

陈建中　拍摄

186　普通𫛭(pǔ tōng kuáng)*Buteo japonicus*　旅鸟、冬候鸟

英 文 名　**Eastern Buzzard**

别　　名　土豹

识别要点　体长约55cm，雌雄同色。体色变化较大。上体主要为暗褐色，翼宽而圆，尾散开呈扇形，跗蹠下部完全裸露。翱翔时两翅微向上举成浅"V"字形。相似种毛脚𫛭，体色较淡，尾白色而有宽阔的黑色亚端斑。

生态特征　猛禽，常在开阔的旷野、农田、村庄上空盘旋觅食，也常落在树桩上或草堆上。

食　　性　主要以鼠类为食，也吃蛙、野兔、小鸟及昆虫。

最佳观鸟时间　| 1 | 2 | 3 | 4 | 5 | 6 | 7 | 8 | 9 | 10 | 11 | 12 |

最佳观鸟地点　全境

保护级别　国家 II 级保护鸟类

十六、鸮形目 STRIGIFORMES

陈建中 拍摄

（二十九）鸱鸮科 Strigidae

夜行性猛禽，雌雄羽色相似。头部宽大，多数有面盘，嘴侧扁而强壮，先端具钩；眼大，位置向前；羽毛柔软，翅宽，尾短圆，脚粗而强健，多数被羽，外趾能反转，爪锐利。

187　红角鸮(hóng jiǎo xiāo)*Otus sunia*　夏候鸟

英 文 名　**Oriental Scops Owl**

别　　名　小猫头鹰　夜猫子　东方角鸮

　识别要点　体长约20cm，雌雄同色。全身体羽为棕灰色，头部有灰褐色面盘，上方有突出的具黑色端斑的棕红色耳羽，在受惊吓时竖起。

　生态特征　猛禽，栖息于山地和平原林中，也见于林缘和居民区等地。白天紧闭双眼，隐藏在树枝间，黄昏后捕食鼠类和昆虫等。叫声为"王刚，王刚哥"，筑巢于树洞。

　食　　性　主要以鼠类、甲虫、蝗虫、鞘翅目昆虫为食。

最佳观鸟时间

1	2	3	4	5	6	7	8	9	10	11	12

最佳观鸟地点　郊县

保护级别　国家Ⅱ级保护鸟类

陈建中　拍摄

188　雕鸮(diāo xiāo) *Bubo bubo*　留鸟

英 文 名　Eurasian Eagle-owl

识别要点　体长约69cm，雌雄同色。有明显的面盘，棕黄色翎领，耳羽显著，突出头顶两侧。上体棕黄色，有黑褐色斑纹。下体羽淡棕黄色，胸部有粗著的黑褐色纵纹。嘴铅黑色，虹膜金黄色，脚和趾被棕黄色短羽。

生态特征　猛禽，栖息于山地和平原森林、灌丛等地。夜行性。分布郊县平原田野。

食　　性　主要以鼠类为食，也吃小鸟和野兔、昆虫等。

最佳观鸟时间

1	2	3	4	5	6	7	8	9	10	11	12

最佳观鸟地点　蓟州区

保护级别　国家Ⅱ级保护鸟类

陈建中 拍摄

戎志强 拍摄

189 纵纹腹小鸮(zòng wén fù xiǎo xiāo)*Athene noctua* 留鸟

英 文 名 **Little Owl**

识别要点 体长约23cm，雌雄同色。面盘和皱翎不明显，无耳突，上体有大量白色斑点，下体有褐色纵纹，胸部纵纹较粗著。

生态特征 猛禽，栖息于山地和平原森林、林缘灌丛和农田等地。飞行波浪式。

食 性 主要以鼠类、昆虫为食，也吃小鸟和蜥蜴等小型动物。

最佳观鸟时间

1	2	3	4	5	6	7	8	9	10	11	12

最佳观鸟地点 郊县

保护级别 国家 II 级保护鸟类

陈建中 拍摄

190 鹰鸮(yīng xiāo) *Ninox scutulata* 夏候鸟

英 文 名 Brown Boobook

识别要点 体长约30cm，雌雄同色。外形似鹰，无明显的面盘和翎领，两眼之间和嘴基白色。头部和上体深棕褐色，下体白色，有显著的棕褐色纵斑纹。

生态特征 猛禽，栖息于山地和平原森林、灌丛，也见于林缘和农田等地的大树上。多在夜晚到地面活动和捕食。

食　　性 主要以鼠类、小鸟和昆虫为食。

最佳观鸟时间 | 1 | 2 | 3 | 4 | 5 | 6 | 7 | 8 | 9 | 10 | 11 | 12 |

最佳观鸟地点 郊县

保护级别 国家Ⅱ级保护鸟类

陈建中　拍摄

191　长耳鸮(cháng ěr xiāo)*Asio otus*　冬候鸟、夏候鸟

英　文　名　Long-eared Owl

别　　　名　长耳木兔　长耳猫王

识别要点　体长约36cm，雌雄同色。上体棕黄色，面盘显著，耳羽簇长。下体棕白色，有黑褐色羽干纹和囊状斑，腹部以下羽干纹两侧具树枝状的横纹，虹膜橙红色。

生态特征　猛禽，栖息于各种森林及林缘、农田防护林等地。白天在树干上休息，夜行性。

食　　　性　主要以鼠类为食，也吃小鸟和蝙蝠、昆虫等。

最佳观鸟时间

1	2	3	4	5	6	7	8	9	10	11	12

最佳观鸟地点　全境

保护级别　国家Ⅱ级保护鸟类

陈建中　拍摄

192　短耳鸮(duǎn ěr xiāo) *Asio flammeus*　冬候鸟

英 文 名　**Short-eared Owl**

别　　名　小耳木兔　田猫王

识别要点　体长约38cm,雌雄同色。耳羽短小不明显,下体棕黄色,具黑色羽干纹,由胸至腹渐变细。相似种长耳鸮耳羽长,下体黑色羽干纹分出侧枝形成横斑。

生态特征　猛禽,栖息于多种生境,尤其以开阔平原、沼泽和湖岸地带较多。多在晚上活动,白天也能见到。

食　　性　主要以鼠类为食,也吃小鸟和蜥蜴、昆虫等。

最佳观鸟时间

1	2	3	4	5	6	7	8	9	10	11	12

最佳观鸟地点　郊县

保护级别　国家Ⅱ级保护鸟类

十七、犀鸟目

BUCEROTIFORMES

戎志猛　拍摄

陈建中　拍摄

陈建中　拍摄

193　戴胜(dài shèng)Upupa epops　留鸟

英 文 名　Common Hoopoe

别　名　山和尚　鸡冠鸟　臭姑鸪

识别要点　体长约30cm，雌雄同色。头顶有显著的棕栗色羽冠，上体及翼上有黑白相间的条纹，嘴黑色，向下弯。

生态特征　攀禽，栖息于各种较开阔的地带，尤其林缘耕地常见。多单独或成对活动，土中觅食。

食　性　以昆虫为主要食物，也吃一些小型无脊椎动物。

最佳观鸟时间

1	2	3	4	5	6	7	8	9	10	11	12

最佳观鸟地点　全境

十八、佛法僧目

CORACIIFORMES

陈建中　拍摄

194　三宝鸟(sān bǎo niǎo)*Eurystomus orientalis*　旅鸟

英　文　名 **Dollarbird**

别　　　名 老鸹翠

识别要点 体长约30cm，雌雄同色。雄鸟通体蓝绿色，头部、颈部和翅呈黑褐色。初级飞羽黑褐色，基部有一宽阔的蓝色横斑，尾羽辉黑色。雌鸟羽毛不如雄鸟鲜亮。嘴红色，上嘴先端黑色，嘴基宽大，脚红色，爪黑色，虹膜暗褐色。

生态特征 攀禽，主要栖息于林缘、河谷等地，觅食主要在空中，分布郊县平原田野。树上筑巢。

食　　　性 以昆虫等小型动物为食。

最佳观鸟时间

1	2	3	4	5	6	7	8	9	10	11	12

最佳观鸟地点 蓟州区

（三十二）翠鸟科 Alcedinidae
中小型鸟类，体色大多鲜艳，嘴粗长而直，先端尖；尾短圆，快速直线飞行。

陈建中 拍摄

195 蓝翡翠(lán fěi cuì) *Halcyon pileata* 夏候鸟

英 文 名 **Black-capped Kingfisher**

别　　名 大蓝翠

识别要点 体长约30cm，雌雄同色。头黑色，上体深蓝色，颈部白色，胸白色，有少许橘黄色，腹部、两胁橘黄色，嘴红色，脚红色。

生态特征 攀禽，栖息于有水的林区、平原及水库和沼泽地带，常单独活动，多在河边树桩或岩石上注视水面，捕食水中的食物。

食　　性 主要以小型鱼类、虾等水生动物为食，也吃昆虫的幼虫。

最佳观鸟时间

1	2	3	4	5	6	7	8	9	10	11	12

最佳观鸟地点 北大港、团泊洼

陈建中 拍摄

戎志强 拍摄

196 普通翠鸟(pǔ tōng cuì niǎo)*Alcedo atthis* 留鸟

英 文 名 **Common Kingfisher**

别 名 小翠鸟 小鱼狗

识别要点 体长约15cm,雌雄同色。嘴直而尖长,上体呈金属般的蓝绿色光泽,下体栗棕色。雄鸟嘴黑色,雌鸟上嘴黑红色,下嘴橘红色。

生态特征 攀禽,栖息于有水的林区、平原及水库、水田岸边,多在河边树桩或岩石上一动不动,捕食水中的食物。

食 性 主要以小型鱼类、虾等水生动物为食。

最佳观鸟时间 | 1 | 2 | 3 | 4 | 5 | 6 | 7 | 8 | 9 | 10 | 11 | 12 |

最佳观鸟地点 全境

陈建中　拍摄

197　冠鱼狗(guàn yú gǒu)*Megaceryle lugubris*　留鸟

英 文 名　**Crested Kingfisher**

识别要点　体长约41cm,雌雄同色。头及上体黑色,密杂白色斑点,头顶具长而直的冠羽,后颈有一宽的白色领环,下体白色,具一宽的黑色横带。

生态特征　攀禽,栖息于林中溪流、湖泊、河流沿岸地带。

食　　性　主要以鱼类、虾等为食。

最佳观鸟时间

1	2	3	4	5	6	7	8	9	10	11	12

最佳观鸟地点　蓟州区

十九、啄木鸟目 PICIFORMES

陈建中 拍摄

戎志强 拍摄

（三十三）啄木鸟科 Picidae

嘴强直、尖，呈凿状，舌细长，有倒钩和黏液，尾羽轴粗硬；脚短而粗壮，前后各两趾，适于树上生活。

198 蚁䴕(yǐ liè)Jynx torquilla 旅鸟

英 文 名 Eurasian Wryneck
别 名 蛇皮鸟 蚂蚁鸟

识别要点 体长约17cm，雌雄同色。头棕灰色，中央冠纹黑色，一直延伸至背部，上体黑灰色，有暗褐色细斑纹和粗斑。毛色与环境一致，易于隐蔽。

生态特征 攀禽，栖息于开阔林带、林缘灌丛、河谷、农田等地。头能向各个方向扭转，有"歪脖"之称；常在地面觅食。

食 性 主要以蚂蚁为食，也吃小甲虫等。

最佳观鸟时间

1	2	3	4	5	6	7	8	9	10	11	12

最佳观鸟地点 全境

199　棕腹啄木鸟(zōng fù zhuó mù niǎo)*Dendrocopos hyperythrus*
旅鸟

英 文 名　**Rufous-bellied Woodpecker**

识别要点　体长约20cm,雌雄异色。上体有独特的黑白组合横纹,下体棕栗色,尾下覆羽红色。雄鸟头顶至后颈深红色,雌鸟头顶黑色,有黄褐色点斑。

生态特征　攀禽,栖息于森林、林缘地带,常单独活动。

食　　性　主要啄食树干中的昆虫,偶尔吃植物的果实、种子等。

最佳观鸟时间

1	2	3	4	5	6	7	8	9	10	11	12

最佳观鸟地点　全境

莫训强 拍摄

200 小星头啄木鸟(xiǎo xīng tóu zhuó mù niǎo)*Dendrocopos kizuki* 留鸟

英 文 名 **Pygmy Woodpecker**

识别要点 体长约14cm，雌雄同色。雄鸟头部灰褐色，枕部两侧各有一红色纵斑，上体黑色，具白色横斑，有显著的白色眉纹和颊纹。飞羽黑色，有白色斑点。喉白色，其余下体污白色，有黑褐色纵纹。雌鸟枕部两侧无红色纵纹。虹膜红色，嘴铅灰色，脚黑色。

生态特征 攀禽，主要栖息于山地森林。

食　　性 主要以昆虫为食。

最佳观鸟时间 | 1 | 2 | 3 | 4 | 5 | 6 | 7 | 8 | 9 | 10 | 11 | 12 |

最佳观鸟地点 蓟州区

英训强 摄影

201 星头啄木鸟(xīng tóu zhuó mù niǎo)*Dendrocopos canicapillus* 留鸟

英 文 名 **Grey-capped Woodpecker**

识别要点 体长约15cm，雌雄同色。头暗灰色，枕部黑色，两侧各有一红色斑，呈放射的星点状。上背和尾上覆羽黑色，下背和腰白色，有黑褐色横斑。下体棕白色，胸和两胁有黑色纵纹。雌鸟枕部无红斑。虹膜红褐色，嘴铅灰色，脚灰黑色。

生态特征 攀禽，栖息于山地和平原的森林及村镇等地的树上，多以5~7只小群体活动。

食 性 主要以昆虫为食。

最佳观鸟时间 | 1 | 2 | 3 | 4 | 5 | 6 | 7 | 8 | 9 | 10 | 11 | 12 |

最佳观鸟地点 蓟州区

张今卓 拍摄

202 白背啄木鸟(bái bèi zhuó mù niǎo) *Dendrocopos leucotos* 罕见留鸟

英文名 **White-backed Woodpecker**

识别要点 体长约25cm,雌雄同色。头顶红色,前额有一白色横带,下背和腰白色,喉白色,胸以下有黑色纵纹。

生态特征 攀禽,栖息于山地和平原的森林及村镇等地的树上。

食　性 主要以昆虫为食。

最佳观鸟时间

1	2	3	4	5	6	7	8	9	10	11	12

最佳观鸟地点 蓟州区

陈建中 拍摄

戎志强 拍摄

203 大斑啄木鸟(dà bān zhuó mù niǎo)*Dendrocopos major*
留鸟

英 文 名 Great Spotted Woodpecker

别 名 花奔打木 臭奔打木 花啄木

识别要点 体长约 24cm, 雌雄同色。上体黑色, 翅上有整齐的白色斑点, 肩羽有两大块白斑, 下腹部至尾下覆羽红色。雄鸟头顶辉黑色, 有红斑, 雌鸟无红斑。

生态特征 攀禽, 栖息于森林、林缘及农田灌丛附近地带。

食 性 啄食树干中的昆虫, 也在地上觅食蚂蚁, 偶尔吃植物的果实、种子等。

最佳观鸟时间 | 1 | 2 | 3 | 4 | 5 | 6 | 7 | 8 | 9 | 10 | 11 | 12 |

最佳观鸟地点 全境

陈建中 拍摄

戎志强 拍摄

戎志强 拍摄

204 灰头绿啄木鸟(huī tóu lǜ zhuó mù niǎo) *Picus canus*
留鸟

英 文 名 **Grey-headed Woodpecker**

别　　名 香奔打木　山啄木　黄啄木

识别要点 体长约27cm，雌雄同色。雄鸟身体深灰绿色，头顶朱红色，腰黄绿色，雌鸟体羽不如雄鸟鲜艳，头顶无红色斑。

生态特征 攀禽，主要栖息于森林、林缘地带，常在路边、农田附近活动。飞行迅速，呈波浪形。

食　　性 啄食树干中的昆虫，也在地上觅食蚂蚁，偶尔吃植物的果实、种子等。

最佳观鸟时间 | 1 | 2 | 3 | 4 | 5 | 6 | 7 | 8 | 9 | 10 | 11 | 12 |

最佳观鸟地点 全境

二十、隼形目 FALCONIFORMES

雌鸟　陈建中　拍摄

雄鸟　陈建中　拍摄

（三十四）隼科 Falconidae

小型猛禽，嘴短而强壮，尖端钩曲，上嘴两侧具单个齿突。翅长而且尖，常在空中捕捉猎物。

205　红隼(hóng sǔn)*Falco tinnunculus*　留鸟

英 文 名　**Common Kestrel**

别　　名　茶隼　红鹰　山麻虎子

识别要点　体长约33cm，雌雄异色。背部红棕色，翼和尾特别长。雄鸟头灰褐色，尾羽灰色。雌鸟头、上背、尾羽棕红色。雌雄及幼鸟尾部都具很宽的黑色次端斑。幼鸟似雌鸟，但下体有较浓密的直纹。

生态特征　猛禽，栖息于林缘、疏林、河谷、农田等地，常通过两翅快速扇动在空中停留，主要在地面捕食。

食　　性　以昆虫为食，也吃鼠类、小鸟等小型动物。

最佳观鸟时间　| 1 | 2 | 3 | 4 | 5 | 6 | 7 | 8 | 9 | 10 | 11 | 12 |

最佳观鸟地点　全境

保护级别　国家Ⅱ级保护鸟类

雌鸟　　　　　　　　　　　　　　　陈建中　拍摄

雄鸟　　　　　　　　　　　　　　　陈建中　拍摄

206　红脚隼（hóng jiǎo sǔn）*Falco amurensis*　夏候鸟、旅鸟

英 文 名　**Amur Falcon**

别　　名　青鹰　青燕子

识别要点　体长约30cm，雌雄异色。雄鸟独特的深灰色和栗色搭配，非常易认。雌鸟上体呈石板灰色，下体淡皮黄白色，尾下覆羽和腿部覆羽白色。

生态特征　猛禽，栖息于疏林、林缘、平原及沼泽河谷、农田等开阔地，多飞行觅食，常见振翅停在空中，俯视地面，发现猎物，直下取食。树上筑巢。

食　　性　主要以昆虫、小鸟、鼠类等为食。

最佳观鸟时间　| 1 | 2 | 3 | 4 | 5 | 6 | 7 | 8 | 9 | 10 | 11 | 12 |

最佳观鸟地点　全境

保护级别　国家Ⅱ级保护鸟类

陈建中 摄

207　灰背隼(huī bèi sǔn) *Falco columbarius*　冬候鸟

英文名　**Merlin**

别　名　朵子

识别要点　体长约30cm，雌雄异色。雄鸟上体淡蓝灰色，后颈有一棕褐色领圈。尾有宽阔的黑色亚端斑和窄的白色端斑。雌鸟上体褐色，下体胸以下具栗棕色纵纹。

生态特征　猛禽，栖息于有疏林的开阔地，也到河谷、农田等地。飞行时两翅快速振动，飞速较快，也能在空中停留片刻。

食　性　主要以小型鸟类、鼠类和昆虫为食。

最佳观鸟时间

1	2	3	4	5	6	7	8	9	10	11	12

最佳观鸟地点　团泊洼

保护级别　国家Ⅱ级保护鸟类

陈建中　拍摄

陈建中　拍摄

208　燕隼(yàn sǔn)*Falco subbuteo*　夏候鸟

英 文 名　Eurasian Hobby

别　　名　青条　蚂蚱鹰

识别要点　体长约30cm,雌雄同色。飞行时状如雨燕,长翼如镰刀而尾短。雄鸟头顶灰黑色,有一细的白色眉纹,上体暗蓝灰色,下体有黑色纵纹,尾下覆羽和腿覆羽棕栗色,雌鸟体形较大。相似种游隼下体不为纵纹而为横斑,尾下覆羽和腿覆羽不为棕栗色。

生态特征　猛禽,栖息于较开阔的林木地区,常停歇在高树或电线杆上。

食　　性　主要以麻雀、燕子等小鸟为食,也捕食昆虫等。

最佳观鸟时间

1	2	3	4	5	6	7	8	9	10	11	12

最佳观鸟地点　蓟州区

保护级别　国家Ⅱ级保护鸟类

陈建中 拍摄

209 猎隼(liè sǔn) *Falco cherrug* 旅鸟

英文名 **Saker Falcon**

别　名 兔呼　白鹰

识别要点 体长约50cm，雌雄同色。头顶暗褐色，有浅褐色纵纹，眉纹近白色，上体暗褐色，杂以黄色斑纹，飞羽黑褐色，尾羽暗褐色，末端污黄色，下体污白色，具褐色羽干纵纹，跗蹠一半被羽。虹膜暗褐色，嘴铅蓝灰色，端部近黑色，脚铅黑色，爪黑色。

生态特征 猛禽，栖息于平原及有疏林的旷野地带，在地上也在空中捕食。

食　性 主要以中小型鸟类、野兔、鼠类等为食。

最佳观鸟时间

1	2	3	4	5	6	7	8	9	10	11	12

最佳观鸟地点 七里海

保护级别 国家 I 级保护鸟类；IUCN级别　濒危Endangered（EN）

陈建中　拍摄

210　游隼(yóu sǔn)*Falco peregrinus*　旅鸟

英 文 名　Peregrine Falcon

别　　名　花梨鹰

识别要点　体长约45cm,雌雄同色。头至后颈灰黑色,颊下有一粗的向下的黑色纹,眼周黄色,上体蓝灰色,具黑褐色斑纹,尾具数条黑色横带。下体黄白色,上胸和颈侧具细的黑褐色羽干纹,下胸至尾下覆羽具黑褐色横斑。虹膜暗褐色,嘴铅蓝灰色,基部黄色,尖黑色,脚黄色,爪黑色。

生态特征　猛禽,栖息于河流与湖泊沿岸地带,也常到开阔的农田、村庄附近活动,多单独活动,飞行迅速。

食　　性　主要在空中捕食小型鸟类为食。

最佳观鸟时间

1	2	3	4	5	6	7	8	9	10	11	12

最佳观鸟地点　郊县

保护级别　国家Ⅱ级保护鸟类

二十一、雀形目 PASSERIFORMES

陈建中　拍摄

（三十五）八色鸫科 Pittidae

羽色较为艳丽。嘴粗壮，颈粗短，体肥胖，脚较长，尾较短。

211　仙八色鸫（xiān bā sè dōng）*Pitta nympha*　旅鸟

英　文　名　Fairy Pitta

识别要点　体长约20cm，雌雄同色。是羽色非常艳丽的一种小鸟。头部栗棕色，眉纹乳黄色，头侧有一条宽阔的黑色纹，背翠绿色，腰和尾上覆羽钴蓝色。喉白色，其余下体乳黄色。

生态特征　鸣禽，栖息于森林及林缘灌丛，常单独活动，多在地上跳跃行走。

食　　性　主要以昆虫为食。

最佳观鸟时间

1	2	3	4	5	6	7	8	9	10	11	12

最佳观鸟地点　蓟州区

保护级别　国家Ⅱ级保护鸟类；IUCN级别　易危 Vulnerable（VU）

陈建中　拍摄

陈建中　拍摄

（三十六）黄鹂科 Oriolidae

212　黑枕黄鹂(hēi zhěn huáng lí)*Oriolus chinensis*　夏候鸟

英 文 名　**Black-naped Oriole**

　　识别要点　体长约26cm，雌雄异色。通体鲜黄色，头枕部有一宽阔的黑色带斑，并与黑色贯眼纹相连，形成一环带。雌鸟偏绿色，幼鸟下体有纵纹。

　　生态特征　鸣禽，主要栖息于天然林，也见于农田、村庄及公园的树上，主要在树的冠层活动，隐藏在树丛鸣叫，鸣声嘹亮而动听。

　　食性　以昆虫为食，也吃植物果实和种子。

　　最佳观鸟时间

1	2	3	4	5	6	7	8	9	10	11	12

　　最佳观鸟地点　郊县

陈建中 拍摄

（三十七）山椒鸟科 Campephagidae

嘴型短而粗壮，基部较宽，上嘴微向下曲成钩状，翅较尖长，尾长。于树上活动。

213　暗灰鹃鵙（àn huī juān jú） *Lalage melaschistos* **夏候鸟**

英文名 Black-winged Cuckoo-shrike

识别要点 体长约23cm，雌雄同色。雄鸟通体蓝灰色，尾羽由中间向两侧白色端斑逐渐变大，腹部接近尾下覆羽为灰白色。雌鸟羽色较淡，下体有不明显的横斑。

生态特征 鸣禽，栖息于山地及山脚平原地带，通常在树上活动。

食　　性 主要以昆虫为食。

最佳观鸟时间	1	2	3	4	5	6	7	8	9	10	11	12

最佳观鸟地点 蓟州区

陈建中 拍摄

214 灰山椒鸟（huī shān jiāo niǎo）*Pericrocotus divaricatus* 旅鸟

英文名 **Ashy Minivet**

识别要点 体长约20cm，雌雄同色。雄鸟上体石板灰色，头部颜色为黑色，额部和头顶前部白色。雌鸟头顶灰褐色，额部白色较少。

生态特征 鸣禽，栖息于森林、林缘、河岸、村落等地，常停落在高大树木树端。

食 性 主要以昆虫为食。

最佳观鸟时间

1	2	3	4	5	6	7	8	9	10	11	12

最佳观鸟地点 郊县

陈建中 拍摄

陈建中 拍摄

（三十八）卷尾科 Dicruridae

雌雄相似，嘴强健粗壮，先端具钩，翅尖长，脚短健。尾羽形状独特。

215 黑卷尾（hēi juǎn wěi）*Dicrurus macrocercus* 夏候鸟

英 文 名 **Black Drongo**

别 名 卷尾 黎鸡

识别要点 体长约30cm，雌雄同色。全身黑色，尾长，呈叉形，最外侧一对最长，末端向外曲且向上卷。幼鸟下体有白色斑记。

生态特征 鸣禽，主要栖息于平原地区的田野、沼泽、稀树草坡及林缘灌丛等地。多成对或小群活动，常在黎明连续鸣叫，固有"黎鸡"之称。飞行如波浪状。

食 性 主要以昆虫为食。

最佳观鸟时间 | 1 | 2 | 3 | 4 | 5 | 6 | 7 | 8 | 9 | 10 | 11 | 12 |

最佳观鸟地点 郊县

陈建中　拍摄

216　灰卷尾(huī juǎn wěi)*Dicrurus leucophaeus*　夏候鸟

英文名　**Ashy Drongo**

识别要点　体长约28cm，雌雄同色。通体灰色，额黑色，头侧有白斑。尾长而分叉。下体一般较上体色淡而少光泽。

生态特征　鸣禽，栖息于山地森林及山脚平原和农田果园附近，单独或成对活动。

食　　性　主要以昆虫等为食，也吃一些植物。

最佳观鸟时间

1	2	3	4	5	6	7	8	9	10	11	12
				5							

最佳观鸟地点　郊县　罕见

陈建中 拍摄

张桂菊 拍摄

217 发冠卷尾(fà guān juǎn wěi)*Dicrurus hottentottus* 夏候鸟

英 文 名 **Hair-crested Drongo**

识别要点 体长约 32cm，雌雄同色。通体绒黑色，具蓝绿色金属光泽。前额有一束发丝状冠羽，外侧尾羽末端向上卷曲很显著。雌鸟不如雄鸟鲜亮，额部发丝状冠羽短小。

生态特征 鸣禽，主要栖息于森林、林缘灌丛、农田等地。

食 性 主要以昆虫为食。

最佳观鸟时间 | 1 | 2 | 3 | 4 | 5 | 6 | 7 | 8 | 9 | 10 | 11 | 12 |

最佳观鸟地点 蓟州区

陈建中　拍摄　　　　陈建中　拍摄

（三十九）王鹟科 Monarchidae

218　寿带(shòu dài) *Terpsiphone incei*　旅鸟、夏候鸟

英 文 名　**Amur Paradise-Flycatcher**

别　　名　三光鸟　一枝花　练鹊　长尾练

识别要点　体长约22cm，雌雄同色。雄鸟分两种色型。具显著的冠羽，中央两枚尾羽特长。白色型全身白色，仅头、颈、喉部蓝黑色。棕色型头、颈蓝黑色，上体和长尾栗红色，喉黑色，胸部灰色，其余下体白色。雌鸟冠羽和尾羽较短。

生态特征　鸣禽，喜在丘陵山地密林活动。鸣叫时冠羽直立。

食　　性　食物以昆虫为主，仅食少量植物。

最佳观鸟时间

1	2	3	4	5	6	7	8	9	10	11	12

最佳观鸟地点　蓟州区

陈建中 拍摄

陈建中 拍摄

（四十）伯劳科 Laniidae

嘴较粗壮，上嘴先端向下弯曲成钩状并具缺刻，翅短圆，尾长，脚强健，爪锐利。成鸟有粗而黑的冠眼纹，单独活动。

219　虎纹伯劳(hǔ wén bó láo)*Lanius tigrinus*　**旅鸟**

英 文 名　**Tiger Shrike**

别　　名　蛮子　虎伯拉

识别要点　体长约 19cm，雌雄同色。雄鸟颜色鲜艳，灰色的头和红棕色的上体及白色下体对比强烈，雌鸟黑色眉纹较短，胸、两胁有黑褐色波状横纹。

生态特征　鸣禽，主要栖息于开阔的森林、灌木林及林缘灌丛等地。多呈波浪式飞行。性凶猛，发现猎物，急飞猛扑。繁殖期 5～7 月份。

食　　性　主要以昆虫为食，也吃蜥蜴、小鸟等。

最佳观鸟时间

1	2	3	4	5	6	7	8	9	10	11	12

最佳观鸟地点　郊区

雄鸟　　　　　　　　　　　　　　陈建中　拍摄

雌鸟　　　　　　　　　　　　　　戎志强　拍摄

220　红尾伯劳(hóng wěi bó láo) *Lanius cristatus*　夏候鸟、旅鸟

英 文 名　**Brown Shrike**

别　　名　蛮子

识别要点　体长约 20cm，雌雄同色。毛色较多变化。和其他伯劳相比,体型较小,上体褐色而下体浅色。雌鸟下体有波状横纹。

生态特征　鸣禽,主要栖息于开阔的森林、灌木林及林缘灌丛等地,性活泼,常单独或成对活动。

食　　性　主要以昆虫为食,也吃少量草籽等。

最佳观鸟时间　| 1 | 2 | 3 | 4 | 5 | 6 | 7 | 8 | 9 | 10 | 11 | 12 |

最佳观鸟地点　郊县

陈建中 拍摄

221 棕背伯劳(zōng bèi bó láo) *Lanius schach* 留鸟

英 文 名 Long-tailed Shrike

识别要点 体长约25cm，雌雄同色。较为艳丽、漂亮的鸟，尾羽特长。灰色的头和红棕色的上背对比明显，翼和尾黑色。

生态特征 鸣禽，主要栖息于开阔的森林、灌木林及林缘灌丛等地。性凶猛，常单独活动。多呈波浪式飞行。

食 性 主要以昆虫为食，也吃蜥蜴、小鸟等，偶尔吃少量种子。

最佳观鸟时间 | 1 | 2 | 3 | 4 | 5 | 6 | 7 | 8 | 9 | 10 | 11 | 12 |

最佳观鸟地点 郊县

戎志强 拍摄

拍摄

222 楔尾伯劳(xiē wěi bó láo)*Lanius sphenocercus* 冬候鸟

英文名 **Chinese Gray Shrike**

别　名 长尾灰伯劳

识别要点 体长约31cm，雌雄同色。头顶、上体灰色，黑色的翼上有明显的白斑，尾长。

生态特征 鸣禽，栖息于平原、草地、林缘、农田等开阔地区，尤常见于有稀疏树木和灌丛的湖泊等水域附近。性活泼。

食　性 主要以昆虫为食，也吃蜥蜴、小鸟等。

最佳观鸟时间 | 1 | 2 | 3 | 4 | 5 | 6 | 7 | 8 | 9 | 10 | 11 | 12 |

最佳观鸟地点 郊县

陈建中 拍摄

（四十一）鸦科 Corvidae

雀形目中体型较大的种类，雌雄相似，嘴粗壮，几乎与头等长，脚粗壮而强健。

223 松鸦(sōng yā) *Garrulus glandarius* 留鸟

英 文 名 Eurasian Jay

别 名 山和尚

识别要点 体长约35cm，雌雄同色。头及上体葡萄棕色，飞行时出现明显的白腰及蓝色和白色的翼斑，尾黑色。

生态特征 鸣禽，栖息于森林及林缘，波浪式飞行，多成小群活动，在地上跳跃，觅食。

食 性 杂食，繁殖期主要以昆虫等动物为食，其他时期主要以植物为食。

最佳观鸟时间 | 1 | 2 | 3 | 4 | 5 | 6 | 7 | 8 | 9 | 10 | 11 | 12 |

最佳观鸟地点 蓟州区

张桂菊　拍摄

张桂菊　拍摄

224　灰喜鹊(huī xǐ què) *Cyanopica cyanus*　留鸟

英 文 名　Azure-winged Magpie

别　名　山喜鹊　马尾鹊　蓝脖喜鹊

识别要点　体长约35cm，雌雄同色。头部黑色，双翼和长尾蓝灰色，尾羽凸尾状，具白色端斑。幼鸟头部黑色中杂有白色，尾羽白色末端较短。

生态特征　鸣禽，田野、村庄、城市公园的树上常见。成小群活动。有季节性游荡的习性。

食性　主要以昆虫为食，也吃植物果实、种子等。

最佳观鸟时间	1	2	3	4	5	6	7	8	9	10	11	12

最佳观鸟地点　全境

陈建中　拍摄

225　红嘴蓝鹊(hóng zuǐ lán què)*Urocissa erythroryncha*　留鸟

英 文 名　**Red-billed Blue Magpie**

识别要点　体长约 68cm，雌雄同色。非常易认。头、颈黑色，上体蓝灰色。尾长，呈凸状，嘴、脚红色。

生态特征　鸣禽，主要栖息于山地林中，尤其是针叶林。常成小群活动。

食　　性　主要以红松、云杉等种子为食，也吃其他植物的果实、种子和昆虫，繁殖期主要以昆虫为食。

最佳观鸟时间　| 1 | 2 | 3 | 4 | 5 | 6 | 7 | 8 | 9 | 10 | 11 | 12 |

最佳观鸟地点　蓟州区

226 喜鹊(xǐ què) *Pica pica* 留鸟

英 文 名 **Common Magpie**

别 名 热河喜鹊 客鹊

识别要点 体长约 45cm，雌雄同色。非常易认和常见的鸟类，黑白搭配的体色，尾长，有蓝紫色的光泽。

生态特征 鸣禽，栖息于山区、林缘、农田、村庄、城市公园等地，喜与人类为邻。常成 3~5 只的小群活动。

食 性 食性较杂，夏天主要以昆虫为食，其他季节主要以植物果实和种子为食。

最佳观鸟时间 | 1 | 2 | 3 | 4 | 5 | 6 | 7 | 8 | 9 | 10 | 11 | 12

最佳观鸟地点 全境

陈建中 拍摄

陈建中 拍摄

227 星鸦(xīng yā) *Nucifraga caryocatactes* 留鸟

英 文 名 **Spotted Nutcracker**

识别要点 体长约33cm，雌雄同色。头顶黑褐色，头侧、眼周、颈侧棕褐色，有白色纵纹。上体棕褐色，羽端有白色斑点，飞羽黑褐色，尾羽黑褐色，除中央尾羽外，其余具白色端斑，最外侧一枚几乎全白。下体棕褐色，有白色斑点，尾下覆羽白色。嘴、脚黑色，虹膜暗褐色。

生态特征 鸣禽，主要栖息于山地林中，尤其是针叶林。常单独或成对活动。

食 性 主要以红松、云杉等种子为食，也吃其他植物的果实、种子，繁殖期主要以昆虫为食。

最佳观鸟时间 | 1 | 2 | 3 | 4 | 5 | 6 | 7 | 8 | 9 | 10 | 11 | 12 |

最佳观鸟地点 蓟州区

陈建中　拍摄

戈志强　拍摄

228 红嘴山鸦（hóng zuǐ shān yā）*Pyrrhocorax pyrrhocorax* **留鸟**

英文名　**Red-billed Chough**

别　名　红嘴老鸹　红嘴乌鸦

识别要点　体长约45cm，雌雄同色。通体黑色，头、后颈和背部具蓝色金属光泽，翅和尾羽具绿色金属光泽。下体较暗。虹膜褐色，嘴、脚朱红色。

生态特征　鸣禽，主要栖息于低山及山脚平原等地。

食　性　主要以昆虫为食。

最佳观鸟时间　| 1 | 2 | 3 | 4 | 5 | 6 | 7 | 8 | 9 | 10 | 11 | 12 |

最佳观鸟地点　蓟州区

陈建中 拍摄

戎志强 拍摄

229 达乌里寒鸦(dá wū lǐ hán yā)*Corvus dauuricus* 冬候鸟

英文名 **Daurian Jackdaw**

别　名 葱花儿　慈鸟　麦鸦　小山老鸹

识别要点 体长约 37cm，雌雄同色。头顶黑色，嘴短而尖，头后下方有一白色领环，与腹部白色相连。幼鸟体羽无白色。

生态特征 鸣禽，农田、河流和村庄附近较常见，成群活动，秋冬季常在农田和村庄附近活动。

食　性 主要以昆虫为食，也吃蜥蜴、小鸟、植物果实、种子等。

最佳观鸟时间 | 1 | 2 | 3 | 4 | 5 | 6 | 7 | 8 | 9 | 10 | 11 | 12 |

最佳观鸟地点 郊县

陈建中　拍摄

230　秃鼻乌鸦(tū bí wū yā) *Corvus frugilegus*　冬候鸟

英 文 名　Rook

别　　名　老鸹　山老公

识别要点　体长约47cm，雌雄同色。全身羽色亮黑色，额、嘴基裸露，呈灰白色。幼鸟通体无光泽，嘴基不裸露，被羽。

生态特征　鸣禽，农田、河流和村庄附近较常见，成群活动，尤其冬季也和其他乌鸦混成大群。

食　　性　主要以昆虫为食，也吃植物果实、种子等，有时也吃动物尸体和垃圾。

最佳观鸟时间　| 1 | 2 | 3 | 4 | 5 | 6 | 7 | 8 | 9 | 10 | 11 | 12 |

最佳观鸟地点　郊县

陈建中　拍摄

陈建中　拍摄

231　小嘴乌鸦(xiǎo zuǐ wū yā) *Corvus corone*　旅鸟、冬候鸟

英 文 名　Carrion Crow

识别要点　体长约50cm,雌雄同色。通体黑色,具紫蓝色金属光泽,嘴较薄,额部微微倾斜。

生态特征　鸣禽,栖息于低山、平原地区的疏林和林缘地带,农田、河流和村庄附近较常见。成群活动。

食　　性　主要以昆虫和植物果实、种子为食,也吃雏鸟、鼠类、动物尸体等。

最佳观鸟时间

1	2	3	4	5	6	7	8	9	10	11	12

最佳观鸟地点　郊县

陈建中 拍摄

陈建中 拍摄

232 白颈鸦(bái jǐng yā) *Corvus pectoralis* 迷鸟

英 文 名 **Collared Crow**

别　　名 白脖老鸹　玉颈鸦

识别要点 体长约54cm，雌雄同色。全身体羽为黑色，后颈、颈侧和胸部白色，形成宽阔的白色领环。

生态特征 鸣禽，在疏林、林缘、农田、河流和村庄附近较常见。多单独或成小群活动，冬季也和其他乌鸦混成大群。

食　　性 主要以昆虫、雏鸟、蜥蜴等动物为食，有时也吃植物果实、种子、垃圾、动物尸体等。

最佳观鸟时间

1	2	3	4	5	6	7	8	9	10	11	12

最佳观鸟地点 郊县

保护级别 IUCN 级别　近危 Near Threatened（NT）

陈建中　拍摄

戎志强　拍摄

233　大嘴乌鸦(dà zuǐ wū yā) *Corvus macrorhynchos*　留鸟

英 文 名 **Large-billed Crow**

识别要点 体长约50cm，雌雄同色。通体黑色，额部陡突，尾呈楔状，嘴黑色，粗大，嘴峰弯曲，嘴基有长羽，相似种小嘴乌鸦体型较小，嘴较细，弯曲小，尾较平。

生态特征 鸣禽，在疏林和林缘、农田、河流和村庄附近较常见，冬季也和其他乌鸦混成大群。树上过夜。

食　　性 主要以昆虫为食，也吃雏鸟、鼠类、动物尸体及植物等。

最佳观鸟时间 | 1 | 2 | 3 | 4 | 5 | 6 | 7 | 8 | 9 | 10 | 11 | 12 |

最佳观鸟地点 郊县

（四十二）山雀科 Paridae

雌雄相似。体型较小，活泼好动，嘴短而强，翅短圆。小群活动于林区，不断呼叫以保持联络。

234 煤山雀(méi shān què)*Periparus ater* 留鸟

英 文 名 **Coal Tit**

别　　名 背子

识别要点 体长约 11cm，雌雄同色。头黑色，颊和后颈白色。上体深灰色，飞羽褐色，上有两行白斑，下体灰白色。

生态特征 鸣禽，栖息于森林、林缘、疏林灌丛，在混交林树冠枝叶间活动，也常在灌丛间跳跃觅食。

食　　性 以昆虫为食。

最佳观鸟时间 | 1 | 2 | 3 | 4 | 5 | 6 | 7 | 8 | 9 | 10 | 11 | 12 |

最佳观鸟地点 蓟州区

陈建中　拍摄

陈建中　拍摄

235　黄腹山雀(huáng fù shān què)*Pardaliparus venustulus*　留鸟

英 文 名　Yellow-bellied Tit

识别要点　体长约10cm，雌雄异色。雄鸟头和上背黑色，颊和后颈各有一白色块斑。翅上有2条黄白色横斑，喉黑色，下体黄色。雌鸟上体灰绿色，下体淡黄。

生态特征　鸣禽，栖息于山地林区，春秋可进入平原活动。结群在树枝间穿梭跳跃。

食　　性　以昆虫为食。

最佳观鸟时间　| 1 | 2 | 3 | 4 | 5 | 6 | 7 | 8 | 9 | 10 | 11 | 12 |

最佳观鸟地点　蓟州区

陈建中 拍摄

陈建中 拍摄

236 沼泽山雀(zhǎo zé shān què)*Poecile palustris* 留鸟

英 文 名 **Marsh Tit**

别   名 红子 孜孜红 小孜伯

识别要点 体长约11.5cm,雌雄同色。头黑色,上体沙褐色,无翼斑,脸颊至颈侧白色,下体浅褐色。

生态特征 鸣禽,栖息于各种森林,常在近水树林及灌木丛活动。

食   性 以昆虫为食,食松毛虫,森林益鸟。

最佳观鸟时间 | 1 | 2 | 3 | 4 | 5 | 6 | 7 | 8 | 9 | 10 | 11 | 12 |

最佳观鸟地点 蓟州区

陈建中　拍摄

孙国明　拍摄

孙国明　拍摄

237　大山雀(dà shān què) *Parus cinereus*　留鸟

英 文 名　Cinereous Tit

别　　名　黑子　孜孜黑　白脸山雀

识别要点　体长约14cm，雌雄同色。雄鸟头黑色，脸白色。上体灰色，微带绿色，下体中央贯黑色纵纹，与喉部、后颈黑色相连。雌鸟较雄鸟暗淡，腹部黑色纵纹较细。

生态特征　鸣禽，栖息于山地森林、平原灌丛及居民点附近，常在山林树冠活动。性活泼。叫声尖锐，鸣声"孜孜黑—孜孜黑"。

食　　性　喜食昆虫。

最佳观鸟时间　| 1 | 2 | 3 | 4 | 5 | 6 | 7 | 8 | 9 | 10 | 11 | 12 |

最佳观鸟地点　蓟州区

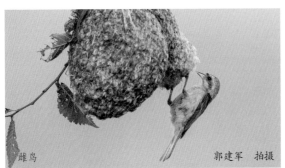

雌鸟　　　　　　　　郭建军　拍摄

雄鸟　　　　　　　　卢学强　拍摄

238　中华攀雀（zhōng huá pān què）*Remiz consobrinus*　旅鸟　夏候鸟

英 文 名　**Chinese Penduline Tit**

别　　名　东方倒攀山雀　树猴子

识别要点　体长约 11cm，雌雄异色。雄鸟额基经颊至耳羽黑色，颊的上、下方白色，头顶浅灰色。上体棕褐色，飞羽褐色。尾羽黑褐色，羽缘黄白色。下体皮黄色。雌鸟额基经颊至耳羽棕色，背部棕色。虹膜暗褐色，嘴灰色，脚灰蓝色。

生态特征　鸣禽，栖息于森林、水边芦苇地等。常在阔叶林树枝上倒悬，翻来转去，善攀爬，成群活动。

食　　性　食昆虫、种子、浆果。

最佳观鸟时间

1	2	3	4	5	6	7	8	9	10	11	12

最佳观鸟地点　北大港湿地

陈建中　拍摄

239　蒙古百灵(měng gǔ bǎi líng)*Melanocorypha mongolica*　旅鸟

英 文 名　**Mongolian Lark**

识别要点　体长约18cm，雌雄同色。头顶中央棕黄色，四周栗红色。眼周、眉纹棕白色。上体栗褐色，具棕灰色羽缘，翅上有明显的白斑。中央尾羽栗褐色。喉及下体白色，上胸两侧有黑斑。雌鸟色淡。嘴黑色，脚肉色，虹膜褐色。

生态特征　鸣禽，栖息于开阔草地及水域附近的盐碱草地，内蒙古等地冬天遇大雪后往往会大量迁来。能从地面直冲而上，飞入天空。也善于在地面快速奔走。分布郊县平原田野。

食　　性　主要以草籽和其他植物种子为食，也吃昆虫和小型无脊椎动物。

最佳观鸟时间

1	2	3	4	5	6	7	8	9	10	11	12

最佳观鸟地点　郊县

保护级别　国家Ⅱ级保护鸟类

陈建中 拍摄

240 短趾百灵(duǎn zhǐ bǎi líng)*Alaudala cheleensis* 旅鸟

英 文 名 Asian Short-toed Lark

别 名 小沙百灵 那那

识别要点 体长约13cm，雌雄同色。头及上体沙棕色，具黑褐色羽干纹，颈侧的深色小块斑是野外辨认的可靠特征。飞行中常发出"吱吱唧唧"的短声。

生态特征 鸣禽，栖息于平原地区。除繁殖期外，多成群活动。

食 性 主要以草籽和昆虫为食。

最佳观鸟时间 | 1 | 2 | 3 | 4 | 5 | 6 | 7 | 8 | 9 | 10 | 11 | 12 |

最佳观鸟地点 郊县

陈建中 拍摄

241 凤头百灵(fèng tóu bǎi líng) *Galerida cristata* 罕见旅鸟

英文名 Crested Lark

识别要点 体长约18cm，雌雄同色。具棕色纵纹的百灵、头部有长的冠羽，贯眼纹黑褐色。下体皮黄白色，喉侧和胸有暗褐色纵纹。与云雀区别在于体型较大，冠羽尖，嘴较长且弯。

生态特征 鸣禽，喜干旱地区，常见于农耕地、沙地、山坡等，善鸣叫。

食　性 平时在地上寻食昆虫和种子。主要以植物性食物为食，也吃昆虫等动物性食物，属杂食性。

最佳观鸟时间 | 1 | 2 | 3 | 4 | 5 | 6 | 7 | 8 | 9 | 10 | 11 | 12 |

最佳观鸟地点 郊县

陈建中 拍摄

戎志强 拍摄

242 云雀(yún què)*Alauda arvensis* 冬候鸟、旅鸟、夏候鸟

英 文 名 **Eurasian Skylark**

别　　名 鱼鳞燕　告天子

识别要点 体长约18cm，雌雄同色。有较长的翼、较长的尾和匀称的外形，头顶、上体浅棕色，有黑色羽干纹，前胸有黑褐色斑点。鸣叫声为周而复始的唧唧声，在悦耳的鸣唱中，能从地面直冲飞到高空，像是悬挂在空中，然后螺旋形地飞下来。

生态特征 鸣禽，栖息于开阔的草地、沼泽、耕地和河岸等地，常在高空鸣啭。多成群活动。

食　　性 以植物性食物为食，也吃昆虫。

最佳观鸟时间

1	2	3	4	5	6	7	8	9	10	11	12

最佳观鸟地点 郊县

保护级别 国家Ⅱ级保护鸟类

陈建中　拍摄

243　角百灵(jiǎo bǎi líng) *Eremophila alpestris*　迷鸟

英 文 名　Horned Lark

别　　名　黑颈得

识别要点　体长约16cm，雌雄同色。雄鸟上体灰褐色，具暗色纵纹。前额白色，顶冠前端黑色条纹后延形成小"角"，故名角百灵。下体白色，有黑色胸带。雌鸟羽冠不明显，胸带也窄小。

生态特征　鸣禽，栖息于开阔草地、路边和农田附近。多单独或成对活动，迁徙季节喜集群。

食　　性　主要以草籽等植物性食物为食，也吃昆虫等动物性食物。

最佳观鸟时间

1	2	3	4	5	6	7	8	9	10	11	12

最佳观鸟地点　七里海

（四十五）文须雀科 Panuridae

244　文须雀（ wén xū què ）*Panurus biarmicus*　冬候鸟

英 文 名　**Bearded Reedling**

别　　名　文须鸟

识别要点　体长约17cm，雌雄异色。雄鸟上体淡赭黄色，头枕部深灰色，眼下方有黑色髭状羽斑。翅灰黑色，下体乳白色，腹部、两胁淡褐色。雌鸟头灰棕色，无黑色髭状羽斑。虹膜橙黄色，嘴橙黄色，脚黑色。

生态特征　鸣禽，栖息于河流、湖泊、沼泽地带，常活跃在水塘苇丛中。在苇丛上波浪飞行，飞向灵活，能迅速转入苇丛。

食　　性　食昆虫及草籽等。

最佳观鸟时间

1	2	3	4	5	6	7	8	9	10	11	12

最佳观鸟地点　北大港湿地

陈建中 拍摄

戈志强 拍摄

（四十六）扇尾莺科 Cisticolidae

245 棕扇尾莺(zōng shàn wěi yīng) *Cisticola juncidis* 夏候鸟

英文名 **Zitting Cisticola**

识别要点 体长约10cm，雌雄同色。上体栗棕色，具粗著的黑褐色羽干纹，棕白色眉纹，凸状尾。下体白色，两胁棕黄色。虹膜红褐色，上嘴红褐色，下嘴粉红色，脚肉色。

生态特征 鸣禽，在山区低矮树林和灌木丛中活动，生性活泼，善鸣叫。

食　　性 以昆虫为食，也食草籽等。

最佳观鸟时间 | 1 | 2 | 3 | 4 | 5 | 6 | 7 | 8 | 9 | 10 | 11 | 12 |

最佳观鸟地点 湿地

陈建中　拍摄

张桂菊　拍摄

（四十七）苇莺科 Acrocephalidae

246　东方大苇莺(dōng fāng dà wěi yīng)*Acrocephalus orientalis*　夏候鸟

英 文 名　**Oriental Reed Warbler**

别　　名　芦呱呱　大苇札　苇串

识别要点　体长约20cm，雌雄同色。嘴长而直，嘴裂橙色。上体棕橄榄色，眉纹淡黄色，下体污白色，两胁淡棕色。

生态特征　鸣禽，栖息于湿地苇丛、柳丛及灌木丛中。

食　　性　食昆虫、小型无脊椎动物和水生植物种子等。

最佳观鸟时间

1	2	3	4	5	6	7	8	9	10	11	12

最佳观鸟地点　湿地

陈建中　拍摄

陈建中　拍摄

247　黑眉苇莺(hēi méi wěi yīng)*Acrocephalus bistrigiceps*　夏候鸟

英 文 名　**Black-browed Reed Warbler**

别　　名　柳叶　苇尖子

识别要点　体长约13cm，雌雄同色。上体橄榄褐色，无斑纹，腰部颜色较鲜明。头部有黄色和黑色眉纹。

生态特征　鸣禽，栖息于水边灌木丛及草丛、芦苇中。性极活跃，常在苇丛鸣叫。

食　　性　以昆虫、小无脊椎动物为食。

最佳观鸟时间

1	2	3	4	5	6	7	8	9	10	11	12

最佳观鸟地点　湿地

戎志强　拍摄

248　厚嘴苇莺(hòu zuǐ wěi yīng) *Arundinax aedon*　旅鸟

英 文 名　**Thick-billed Warbler**

别　　名　芦莺　树札子　树呱呱

识别要点　体长约20cm，雌雄同色。上体橄榄褐色，从头至尾绿色逐渐减少，红褐色增多。眼周淡皮黄色，无眉纹，尾羽棕褐色，呈凸尾状，尾上覆羽棕色较浓。下体喉和腹部白色，胸、两胁及尾下覆羽淡棕色。虹膜褐色，上嘴黑褐色，下嘴色淡，脚暗铅灰色。

生态特征　鸣禽，水边灌木及苇丛中活动。

食　　性　以昆虫为食，食松毛虫。

最佳观鸟时间　| 1 | 2 | 3 | 4 | 5 | 6 | 7 | 8 | 9 | 10 | 11 | 12 |

最佳观鸟地点　湿地

陈学奇　拍摄

249　矛斑蝗莺（máo bān huáng yīng**）***Locustella lanceolata*　**旅鸟**

　　英 文 名　**Lanceolated Warbler**

　　别　　名　苇尖子

　　识别要点　体长约 12.5cm，雌雄同色。上体黑褐色，眉纹淡黄，细而不显，上体和下体胸部和两胁有纵纹，尾部颜色均匀，无明显白端。

　　生态特征　鸣禽，栖息于湖泊、河流附近的灌丛等地。

　　食　　性　主要以昆虫为食。

　　最佳观鸟时间

1	2	3	4	5	6	7	8	9	10	11	12

　　最佳观鸟地点　郊县

（四十八）蝗莺科 Locustellidae

（四十九）燕科 *Hirundinidae*

雌雄相似，嘴扁平而短阔，似三角形，翅狭长而尖，尾多为叉状。

陈建中　拍摄

250　崖沙燕（ yá shā yàn ）*Riparia riparia*　旅鸟

英　文　名　**Sand Martin**

识别要点　体长约12cm，雌雄同色。头顶、上体灰褐色，白色的下体有褐色胸带，尾呈浅叉状。

生态特征　鸣禽，主要栖息于河流、沼泽等湿地附近，常成群活动，在水面低飞，在空中捕食。

食　　性　主要以昆虫为食。

最佳观鸟时间

1	2	3	4	5	6	7	8	9	10	11	12

最佳观鸟地点　郊县

陈建中 拍摄

陈建中 拍摄

戎志强 拍摄

251 家燕(jiā yàn)*Hirundo rustica* 夏候鸟

英 文 名 Barn Swallow

识别要点 体长约20cm,雌雄同色。头、上体黑蓝色,脸和喉部栗色,颈有一黑褐色环带,下体、尾下覆羽白色,沾淡橘红色,尾分叉很深。

生态特征 鸣禽,喜栖息于人类居住的环境,善飞行,晨昏活动频繁。繁殖期4月份至7月份,多数一年2窝,有用旧巢的习性。

食 性 主要以昆虫为食。

最佳观鸟时间

1	2	3	4	5	6	7	8	9	10	11	12

最佳观鸟地点 全境

陈建中 拍摄

陈建中 拍摄

252 金腰燕(jīn yāo yàn)*Cecropis daurica* 夏候鸟

英 文 名 **Red-rumped Swallow**

识别要点 体长约 18cm，雌雄同色。头顶、背部蓝黑色，后颈有栗色领环，腰部栗色，形成宽阔的腰带。下体栗白色，有黑色纵纹。相似种家燕下体无纵纹，腰无棕栗色横带。

生态特征 鸣禽，栖息于低山、平原地区的村庄、城镇等地，常成群栖息于房顶或电线上。繁殖期 4 月份至 9 月份。

食 性 主要以昆虫为食。

最佳观鸟时间

1	2	3	4	5	6	7	8	9	10	11	12

最佳观鸟地点 全境

陈建中 拍摄

张桂萍 拍摄

（五十）鹎科 Pycnonotidae

253 红耳鹎(hóng ěr bēi) *Pycnonotus jocosus* 迷鸟

英文名 Red-whiskered Bulbul

识别要点 体长约19cm，雌雄同色。头顶黑色，有黑色冠羽，眼后有显眼的红斑，下有一白斑，周围为黑色。上体褐色，下体白色，尾下覆羽红色。

生态特征 鸣禽，栖息于灌丛草地、树林、林缘、农田、果园等地。

食　　性 杂食性。

最佳观鸟时间

1	2	3	4	5	6	7	8	9	10	11	12

最佳观鸟地点 公园

陈廷中 拍摄

254　白头鹎(bái tóu bēi) *Pycnonotus sinensis*　留鸟

英 文 名　**Light-vented Bulbul**

别　　名　白头翁

识别要点　体长约19cm,雌雄同色。头顶黑色,后部为显眼的白色,繁殖羽上体灰绿色,喉白色。幼鸟头后没有白色。

生态特征　鸣禽,栖息于灌丛草地、树林、林缘、农田、果园等地,多结小群活动。

食　　性　杂食性。

最佳观鸟时间

1	2	3	4	5	6	7	8	9	10	11	12

最佳观鸟地点　全境

英训强 拍摄

戎志强 拍摄

255 栗耳短脚鹎(lì ěr duǎn jiǎo bēi)*Hypsipetes amaurotis* 罕见冬候鸟

英 文 名 **Brown-eared Bulbul**

识别要点 体长约25cm。头灰色,微具羽冠,耳羽栗色,上体灰褐色,喉灰白色,下胸白色,具灰褐色斑点。

生态特征 鸣禽,栖息于林缘地带及公园、果园、地旁、路边的杂木林中,3～5只成群,性活泼,善鸣叫。

食 性 杂食,主要以植物为食。

最佳观鸟时间 | 1 | 2 | 3 | 4 | 5 | 6 | 7 | 8 | 9 | 10 | 11 | 12 |

最佳观鸟地点 公园

陈建中 拍摄

256 褐柳莺(hè liǔ yīng) *Phylloscopus fuscatus* 旅鸟

英 文 名 **Dusky Warbler**

别 名 树串儿 草串儿 柳串

识别要点 体长约 11cm，雌雄同色。上体橄榄绿色，眉纹白色，贯眼纹暗褐色。

生态特征 鸣禽，有不断重复的鸣叫声及规则的跳动转移。栖息于森林、林缘灌丛等地。常在低矮树顶和灌木丛中活动。

食 性 以昆虫为食。

最佳观鸟时间

1	2	3	4	5	6	7	8	9	10	11	12

最佳观鸟地点 郊县

陈建中 拍摄

戈志强 拍摄

257 黄腰柳莺(huáng yāo liǔ yīng) *Phylloscopus proregulus* 旅鸟、冬候鸟

英 文 名 **Pallas's Leaf Warbler**

别 名 树串 树溜子

识别要点 体长约9cm，雌雄同色。上体橄榄绿色，头顶中央具淡黄绿色纵纹，黄色眉纹鲜艳。腰部黄色横斑明显，翅上2道淡黄色横斑显著。

生态特征 鸣禽，常在高树顶和灌木丛中活动。性活泼，喜在树枝上跳跃，也到地上活动和觅食。

食 性 以昆虫为食。

最佳观鸟时间	1	2	3	4	5	6	7	8	9	10	11	12

最佳观鸟地点 全境

陈建中 拍摄

258 黄眉柳莺(huáng méi liǔ yīng) *Phylloscopus inornatus* 旅鸟

英 文 名 **Yellow-browed Warbler**

别　　名 柳串儿　呼呼黄

识别要点 体长约 11cm, 雌雄同色。上体橄榄绿色, 眉纹淡黄白色, 延伸到枕部, 贯眼纹暗褐色。翅黑褐色, 上有 2 道白斑。

生态特征 鸣禽, 栖息于山地和平原地带的森林中, 常在树的高处活动。性活泼, 结小群活动。

食　　性 以昆虫为食。

最佳观鸟时间

1	2	3	4	5	6	7	8	9	10	11	12

最佳观鸟地点 全境

莫训强　拍摄

259　极北柳莺(jí běi liǔ yīng) *Phylloscopus borealis*　旅鸟

英 文 名　Arctic Warbler

别　　名　柳串儿

识别要点　体长约 12cm, 雌雄同色。身体橄榄绿色, 黄白色眉纹长而显眼, 翅暗褐色, 翅缘黄色, 上有一道白斑。与黄眉柳莺比躯体较长, 嘴也较粗壮。

生态特征　鸣禽, 栖息于树林、林缘及村庄、道路两旁的树上, 常在矮树顶和灌木丛上活动。

食　　性　以昆虫为食。

最佳观鸟时间

1	2	3	4	5	6	7	8	9	10	11	12

最佳观鸟地点　郊县

陈建中 拍摄

260 冕柳莺(miǎn liǔ yīng)*Phylloscopus coronatus* 旅鸟

英 文 名 **Eastern Crowned Warbler**

别 名 树串儿

识别要点 体长约12cm，雌雄同色。上体橄榄绿色，头顶中央有一淡黄绿色冠纹，贯眼纹暗褐色，眉纹淡黄色。飞羽暗褐色，上有一道淡黄绿色横斑带。下体银白色，微沾黄色，尾下覆羽黄色。虹膜暗褐色，上嘴暗褐色，下嘴黄褐色，脚灰褐色。

生态特征 鸣禽，栖息于树林、林缘等地，常在树顶和灌木丛上活动。性活泼。

食 性 以昆虫为食。

最佳观鸟时间 | 1 | 2 | 3 | 4 | 5 | 6 | 7 | 8 | 9 | 10 | 11 | 12 |

最佳观鸟地点 郊县

陈建中　拍摄

陈建中　拍摄

261　远东树莺(yuǎn dōng shù yīng)*Horornis canturians*　旅鸟

英 文 名 **Manchurian Bush Warbler**

识别要点 体长约16cm,雌雄同色。额和头顶红褐色,眉纹皮黄白色,贯眼纹黑色,上体橄榄褐色,下体污白色。

生态特征 鸣禽,栖息于林缘灌木丛、平原农田等地,性胆怯。

食　　性 主要以昆虫为食。

最佳观鸟时间

1	2	3	4	5	6	7	8	9	10	11	12

最佳观鸟地点 郊县

（五十三）长尾山雀科 Aegithalidae

张令卓 拍摄

戎志强 拍摄

262 银喉长尾山雀(yín hóu cháng wěi shān què)*Aegithalos glaucogularis* 留鸟

英 文 名 **Silver-throated Bushtit**

别　　名 银颏山雀　洋红

识别要点 体长约16cm,雌雄同色。头白色,上背黑色,下背杂有葡萄红色。飞羽黑褐色,有白斑,尾黑色,最外侧三对尾羽外侧羽片白色。喉部中央有银灰色块斑,胸淡棕黄色,腹部和两胁及尾下覆羽沾葡萄红色。虹膜暗褐色,嘴暗褐色,脚淡褐色。

生态特征 鸣禽,栖息于山地混交林。常结群活动,性活跃。

食　　性 以昆虫为食。

最佳观鸟时间	1	2	3	4	5	6	7	8	9	10	11	12

最佳观鸟地点 蓟州区

崔健宇　拍摄

戎忠强　拍摄

263　白喉林莺(bái hóu lín yīng)*Sylvia curruca*　迷鸟

英 文 名　Lesser Whitethroat

识别要点 体长约 13.5cm,雌雄同色。头灰,上体灰褐色,耳羽黑褐色,喉白色,其余下体灰白色,两胁沾粉红色。

生态特征 鸣禽,栖息于多种生境中,性活泼。

食　　性 以昆虫为食。

最佳观鸟时间

1	2	3	4	5	6	7	8	9	10	11	12

最佳观鸟地点 塘沽

陈建中 拍摄

陈建中 拍摄

264 山鹛(shān méi)*Rhopophilus pekinensis* 留鸟

英 文 名 **Chinese Hill Babbler**

识别要点 体长约17cm，雌雄同色。上体沙灰褐色，具粗著的暗褐色纵纹。眉纹灰白色，下体白色，颈侧、胸侧、两胁和腹部具栗色纵纹。尾长,常上翘。

生态特征 鸣禽,在山区低矮树林和灌木丛中活动,性活泼,善鸣叫。

食　　性 以昆虫为食,也食草籽等。

最佳观鸟时间

1	2	3	4	5	6	7	8	9	10	11	12

最佳观鸟地点 蓟州区

戎志强　拍摄

陈建中　拍摄

265　棕头鸦雀(zōng tóu yā què)*Sinosuthora webbiana*　留鸟

英 文 名　**Vinous-throated Parrotbill**

别　　名　驴粪球　红头子　鹦嘴

识别要点　体长约 12cm，雌雄同色。头顶红棕色，上体橄榄褐色，下体皮黄褐色。嘴厚，基部高近于嘴峰长，上嘴下弯。

生态特征　鸣禽，在山地灌木丛中活动。

食　　性　食物以昆虫为主，也食草籽。

最佳观鸟时间　| 1 | 2 | 3 | 4 | 5 | 6 | 7 | 8 | 9 | 10 | 11 | 12 |

最佳观鸟地点　郊县

陈建中 拍摄　　卢学强 拍摄

张桂菊 拍摄

266 震旦鸦雀(zhèn dàn yā què)*Paradoxornis heudei* 留鸟

英 文 名 **Reed Parrotbill**

识别要点 体长约 18cm，雌雄同色。头颈部灰色，眉纹黑色，黄色而鲜艳的鹦鹉嘴，非常醒目。上背褐而杂以灰黑色粗纹，下体暗黄。

生态特征 鸣禽，栖息于水边芦苇丛、沼泽地，常结群活动，边飞边叫。

食　　性 主要以昆虫为食。

最佳观鸟时间 | 1 | 2 | 3 | 4 | 5 | 6 | 7 | 8 | 9 | 10 | 11 | 12 |

最佳观鸟地点 芦苇湿地

保护级别 国家 II 级保护鸟类；IUCN 级别 近危 Near Threatened（NT）

戎志强　拍摄

陈建中　拍摄

（五十五）绣眼鸟科 Zosteropidae

体型小巧，雌雄相似；活泼好动，体羽几乎为纯绿色，嘴细小，大多在树上活动。

267 红胁绣眼鸟(hóng xié xiù yǎn niǎo) *Zosterops erythropleurus* 旅鸟

英 文 名 **Chestnut-flanked White-eye**

别　　名 粉眼　紫档　白眼　金眼圈　杨柳鸟

识别要点 体长约12cm，雌雄同色。上体灰绿色，有一白色眼圈。喉部、前胸鲜黄色，两胁栗红色，雌鸟色淡。

生态特征 鸣禽，栖息于混交林等林区，也常见于果园、疏林。结群活动，常隐藏于树枝间，在树枝间和灌木丛中觅食。

食　　性 食昆虫为主，也食种子、浆果。

最佳观鸟时间

1	2	3	4	5	6	7	8	9	10	11	12

最佳观鸟地点 郊县

保护级别 国家Ⅱ级保护鸟类

陈建中 拍摄

陈建中 拍摄

268 暗绿绣眼鸟(àn lǜ xiù yǎn niǎo)*Zosterops japonicus* 夏候鸟、旅鸟

英 文 名 Japanese White-eye

别　　名 白眼

识别要点 体长约10cm，雌雄同色。头、上体绿色，上体颜色较红胁绣眼鸟鲜艳，有白色眼圈。喉及上胸黄绿色。

生态特征 鸣禽，栖息于混交林、次生林及果园、林缘等地。常在枝叶间活动。

食　　性 食昆虫为主，也食种子、浆果。

最佳观鸟时间 | 1 | 2 | 3 | 4 | 5 | 6 | 7 | 8 | 9 | 10 | 11 | 12 |

最佳观鸟地点 郊县

陈建中　拍摄

269　山噪鹛(shān zào méi) *Garrulax davidi*　留鸟

英 文 名　**Plain Laughingthrush**

别　　名　黑老婆

识别要点　体长约29cm，雌雄同色。身体灰砂褐色，下体较浅，嘴下弯，亮黄色，眉纹和耳羽淡褐色。

生态特征　鸣禽，栖息于山区低矮树林和灌木丛中。性活泼，善鸣叫。

食　　性　以昆虫为食，也食草籽等。

最佳观鸟时间

1	2	3	4	5	6	7	8	9	10	11	12

最佳观鸟地点　蓟州区

戎志强 拍摄

戎志强 拍摄

（五十七）旋木雀科 Certhiidae

嘴细长而下弯，尾长而尖挺，后爪较后趾长，弯曲而尖，适于攀爬。

270 欧亚旋木雀(ōu yà xuán mù què)*Certhia familiaris* 罕见旅鸟

英 文 名 **Eurasian Treecreeper**

别　　名 黑老婆

识别要点 体长约14cm，雌雄同色。嘴长而下弯，上体棕褐色具白色纵纹，腰和尾上覆羽红棕色，翅黑褐色，翅上覆羽，羽端棕白色，下体白色。

生态特征 鸣禽，栖息于丘陵、多石山地，季节性垂直迁移，常隐藏在草丛中，白天成群到附近耕地取食。

食　　性 主要以草本植物、灌木芽、叶、果实及种子等为食。

最佳观鸟时间 | 1 | 2 | 3 | 4 | 5 | 6 | 7 | 8 | 9 | 10 | 11 | 12 |

最佳观鸟地点 长虹公园

莫训强　拍摄

271　普通䴓(pǔ tōng shī) *Sitta europaea*　留鸟

英 文 名　**Eurasian Nuthatch**

别　　名　蓝大胆　贴树枝　穿树皮

识别要点　体长约13cm，雌雄同色。上体石板蓝色，眼下方白色，头侧一条贯眼黑纹。飞羽黑褐色。下体自下喉和颈侧至胸、腹肉桂棕色，尾下覆羽白色，具栗色羽缘。虹膜暗褐色，嘴石板蓝色，脚肉褐色。

生态特征　鸣禽，栖息于山地混交林及附近村落树丛间。喜群居，脚强健，能沿树干自由爬行，并能头朝下爬树干。遇人停在树干上不动。也常在地面取食。

食　　性　以昆虫为食。

最佳观鸟时间

1	2	3	4	5	6	7	8	9	10	11	12

最佳观鸟地点　蓟州区

莫训强 拍摄

卢学强 拍摄

272 黑头鸸(hēi tóu shī) *Sitta villosa* 留鸟

英 文 名 **Chinese Nuthatch**

识别要点 体长约 12cm，雌雄同色。头顶黑色，上体石板蓝色，皮黄白色眉纹，有黑色贯眼纹，下体灰棕色。

生态特征 鸣禽，栖息于山地混交林及附近村落树丛间。能沿树干自由爬行。

食　　性 以昆虫为食。

最佳观鸟时间 | 1 | 2 | 3 | 4 | 5 | 6 | 7 | 8 | 9 | 10 | 11 | 12 |

最佳观鸟地点 蓟州区

莫训强 拍摄

成志强 拍摄

273 红翅旋壁雀（hóng chì xuán bì què）*Tichodroma muraria* 留鸟

英文名 Wallcreeper

识别要点 体长约16cm，雌雄同色。上体灰色，飞羽黑色，具大型白斑，翅上覆羽胭红色，喉非繁殖羽白色，繁殖羽黑色，下体非繁殖羽石板灰色，繁殖羽灰黑色。虹膜褐色，嘴黑色，细长而微向下弯，脚黑色。

生态特征 鸣禽，栖息于山地混交林等地，常沿岩壁攀爬，啄食崖壁下的昆虫。

食　性 以昆虫为食。

最佳观鸟时间

1	2	3	4	5	6	7	8	9	10	11	12
									10		

最佳观鸟地点 蓟州区

戎志强　拍摄

陈建中　拍摄

274　鹪鹩(jiāo liáo) *Troglodytes troglodytes*　留鸟

英 文 名　**Eurasian Wren**

别　　名　草珠　山蝈蝈　蚂蚁鸟　巧妇

识别要点　体长约10cm，雌雄同色。上体浅褐色，下体浅灰色，杂以黑色横纹。尾短，站立时尾常上翘。行动快速急促，外观像老鼠。

生态特征　鸣禽，主要栖息于各种森林中，地栖性。常在倒木下、灌木丛中进出，贴地面飞行。

食　　性　主要以昆虫为食，也吃蜘蛛等无脊椎动物和少量浆果。

最佳观鸟时间　| 1 | 2 | 3 | 4 | 5 | 6 | 7 | 8 | 9 | 10 | 11 | 12 |

最佳观鸟地点　全境

陈建中　拍摄

陈建中　拍摄

（六十）河乌科 Cinclidae

275　褐河乌（hè hé wū）*Cinclus pallasii*　留鸟

英 文 名　**Brown Dipper**

识别要点　体长约 20cm，雌雄同色。通体乌黑色，背和尾上覆羽具棕色羽缘，尾较短。

生态特征　鸣禽，栖息于山地森林河谷与溪流地带，常站在河边石头上或贴水面飞行，边飞边叫。

食　　性　主要以昆虫为食。

最佳观鸟时间

1	2	3	4	5	6	7	8	9	10	11	12

最佳观鸟地点　蓟州区

（六十一）椋鸟科 Sturnidae

雌雄相似，体羽大多具金属光泽。嘴直而尖，翅长中等，脚粗壮，善行走。集群。

陈建中　拍摄

276　八哥(bā·ge)*Acridotheres cristatellus*　留鸟

英 文 名　**Crested Myna**

识别要点　体长约24cm，雌雄同色。通体黑色，前额有冠状簇羽，有白色翅斑。嘴脚黄色。

生态特征　鸣禽，主要栖息于开阔地带的丛林、农田、村落、旷野等地，常成小群活动。

食　　性　主要以昆虫为食，也吃植物的果实、种子。

最佳观鸟时间

1	2	3	4	5	6	7	8	9	10	11	12

最佳观鸟地点　全境

277　丝光椋鸟(sī guāng liáng niǎo)*Spodiopsar sericeus*　**夏候鸟**

英 文 名　Silky Starling

识别要点　体长约 24cm，雌雄异色。雄鸟头、颈丝光白色，红色的嘴很抢眼，上体银灰，两翅和尾黑色，具紫色金属光泽。雌鸟头部为浅褐色，体羽较雄鸟暗淡。

生态特征　鸣禽，主要栖息于开阔地带的丛林、农田、村落、旷野等地，偏好开阔低地和沿岸沼泽，常成小群活动。

食　　性　主要以昆虫为食，也吃植物的果实、种子。

最佳观鸟时间

1	2	3	4	5	6	7	8	9	10	11	12

最佳观鸟地点　全境

278 灰椋鸟(huī liáng niǎo)*Spodiopsar cineraceus* 旅鸟、夏候鸟、冬候鸟

英 文 名 **White-cheeked Starling**

别　　名 麻巧　高粱头

识别要点 体长约24cm，雌雄同色。比丝光椋鸟偏褐色。头黑色，两颊灰白。飞行时白腰明显。嘴橘红色，脚橙黄色。

生态特征 鸣禽，多成群活动，秋季常见成群椋鸟栖落在树枝或电线上。常在河谷等潮湿地上觅食。

食　　性 主要以昆虫为食，秋冬季以植物果实、种子等为主。

最佳观鸟时间

1	2	3	4	5	6	7	8	9	10	11	12

最佳观鸟地点 全境

陈建中 拍摄

279 北椋鸟(běi liáng niǎo) *Agropsar sturninus* **夏候鸟、旅鸟**

英 文 名 Daurian Starling

识别要点 体长约18cm，雌雄同色。雄鸟头、颈部为淡灰色，枕部有一块紫黑色斑，其余上体紫黑色，具金属光泽。飞羽黑褐色，有白褐色带斑；尾羽黑色，下体灰白色。雌鸟上体无紫色光泽，枕部无黑色斑块，体羽暗淡。嘴、脚黑褐色，虹膜暗褐色。

生态特征 鸣禽，栖息于开阔地带、森林、林缘灌木丛及村庄、农田附近的丛林等地。多成群活动，常在河谷等潮湿地上觅食。分布郊县平原田野。树上筑巢。

食 性 主要以昆虫为食，也吃少量的植物果实、种子。

最佳观鸟时间

1	2	3	4	5	6	7	8	9	10	11	12

最佳观鸟地点 郊县

陈建中　拍摄

戎志强　拍摄

280　紫翅椋鸟(zǐ chì liáng niǎo)*Sturnus vulgaris*　旅鸟、冬候鸟

英 文 名　**Common Starling**

识别要点　体长约21cm，雌雄同色。通体黑色，具紫色和绿色金属光泽，嘴黄色。上体除两翅和尾部外，具褐白色斑点，下体具白色斑点。夏季斑点消失或不显。

生态特征　鸣禽，主要栖息于开阔地带的丛林、农田、村落、旷野、水域岸边等地，常成小群活动。

食　　性　主要以昆虫为食，也吃植物的果实、种子。

最佳观鸟时间　| 1 | 2 | 3 | 4 | 5 | 6 | 7 | 8 | 9 | 10 | 11 | 12 |

最佳观鸟地点　北大港、水上公园、团泊洼

陈建中　拍摄

陈建中　拍摄

（六十二）鸫科 Turdidae

中小型鸟，嘴短健，翅长而尖。食昆虫，形态变化大。

281　橙头地鸫(chéng tóu dì dōng) *Geokichla citrina*　旅鸟

英 文 名　Orange-headed Thrush

识别要点　体长约20cm，雌雄同色。头、颈和下体橙栗色，上体包括翅和尾蓝灰色，翅上有白色的斑。

生态特征　鸣禽，在密林的灌木丛下活动，耕地、草地上也常见，常在地面跳跃行走或距地面较低处飞行。

食　　性　主要以昆虫、浆果、草籽为食。

最佳观鸟时间

1	2	3	4	5	6	7	8	9	10	11	12

最佳观鸟地点　南开大学

莫训强 拍摄

戈志强 拍摄

282 虎斑地鸫(hǔ bān dì dōng)*Zoothera aurea* 旅鸟

英 文 名 **White's Thrush**

　　识别要点 体长约28cm，雌雄同色。头部至上体橄榄褐色。飞羽黑褐色，有黄褐色羽缘。下体白色，喉、两胁褐色，腹部和尾下覆羽白色。虹膜黑红褐色，嘴暗褐色，下嘴基部色浅。脚肉色。

　　生态特征 鸣禽，在密林的灌木丛下活动。耕地、草地上也常见。常在地面跳跃行走或距地面较低处飞行。

　　食　　性 主要以昆虫、浆果、草籽为食。

最佳观鸟时间

1	2	3	4	5	6	7	8	9	10	11	12

最佳观鸟地点 水上公园

雄鸟　　　　　　　　　　　　　　　　　陈建中　拍摄

雌鸟　　　　　　　　　　　　　　　　　戎志强　拍摄

283　灰背鸫(huī bèi dōng) *Turdus hortulorum*　旅鸟

英 文 名　**Grey-backed Thrush**

别　　名　灰背串鸡

识别要点　体长约24cm，雌雄异色。雄鸟头、上体淡蓝灰色，胁部和翼覆羽橙色。雌鸟上体橄榄灰褐色，胸有黑色斑点。

生态特征　鸣禽，栖息于林间及河边的灌木丛和草地。

食　　性　主要以草籽、浆果、昆虫为食。

最佳观鸟时间　| 1 | 2 | 3 | 4 | 5 | 6 | 7 | 8 | 9 | 10 | 11 | 12 |

最佳观鸟地点　郊县

陈建中　拍摄

284　乌鸫(wū dōng) *Turdus mandarinus*　留鸟

英 文 名　**Chinese Blackbird**

别　　名　百舌　反舌　乌春鸟

识别要点　体长约 29cm，雌雄异色。雄鸟上体、两翼和尾黑色。下体黑褐色。雌鸟黑褐色，喉浅栗褐色。嘴黄色或偏褐色。

生态特征　鸣禽，栖息于树林、林缘、农田、果园等地。常在平原草地结群奔跑。

食　　性　以昆虫、蠕虫为食。

最佳观鸟时间

1	2	3	4	5	6	7	8	9	10	11	12

最佳观鸟地点　全境

齐老师 拍摄

285 褐头鸫(hè tóu dōng)*Turdus feae* 旅鸟

英文名 **Grey-sided Thrush**

识别要点 体长约23cm, 雌雄同色。上体黄褐色, 具白色眉纹; 下体灰白色, 喉部两侧、胸部及两胁石板灰色。

生态特征 鸣禽, 栖息于树林、林缘草地及果园、农田, 常在茂密的林下灌木丛中隐藏。

食　性 主要以昆虫、草籽为食。

最佳观鸟时间

1	2	3	4	5	6	7	8	9	10	11	12

最佳观鸟地点 南开大学

保护级别 国家 II 级保护鸟类

莫训强 拍摄

戎志强 拍摄

286 白眉鸫(bái méi dōng)*Turdus obscurus* 旅鸟

英 文 名 **Eyebrowed Thrush**

别 名 灰头串鸡

识别要点 体长约 23cm，雌雄异色。雌雄都有独特的白眉纹和眼下白斑，雄鸟头灰色，上体橄榄褐色，下体橙色。雌鸟颜色较暗，喉部白色，有褐色纵纹。

生态特征 鸣禽，栖息于树林、林缘草地及果园、农田，常在茂密的林下灌木丛中隐藏。

食 性 主要以昆虫、草籽为食。

最佳观鸟时间 | 1 | 2 | 3 | 4 | 5 | 6 | 7 | 8 | 9 | 10 | 11 | 12 |

最佳观鸟地点 全境

雌鸟　　　　　　　　　　　　　　　　　　陈建中　拍摄

雄鸟　　　　　　　　　　　　　　　　　　卢学强　拍摄

287　赤颈鸫(chì jǐng dōng) *Turdus ruficollis*　冬候鸟、旅鸟

英 文 名　**Red-throated Thrush**

别　　名　红脖鸫　红脖子穿草鸫

识别要点　体长约25cm,雌雄异色。雄鸟上体灰褐色,有栗色眉纹,喉、上胸红褐色,喉两侧有黑色斑点。雌鸟眉纹较淡,喉白色具栗色斑点,胸灰褐色具栗色横斑。

生态特征　鸣禽,栖息于树林、林缘草地及果园、农田,常在茂密的林下灌木丛中隐藏。

食　　性　主要以昆虫、草籽为食。

最佳观鸟时间　| 1 | 2 | 3 | 4 | 5 | 6 | 7 | 8 | 9 | 10 | 11 | 12 |

最佳观鸟地点　全境

陈建中 拍摄

陈建中 拍摄

288 红尾斑鸫(hóng wěi bān dōng) *Turdus naumanni* 旅鸟、冬候鸟

英 文 名 **Naumann's Thrush**

别 名 北画眉

识别要点 体长约25cm，雌雄同色。身体色较淡。上体橄榄褐色，眉纹淡棕红色。腰部及尾上覆羽棕红色，下体栗色，有白色羽缘，喉侧具黑色斑点。雌鸟较雄鸟喉和上胸黑斑较多。

生态特征 鸣禽，栖息于林缘、农田、道旁、村庄附近的灌木丛，常在农田和草地中结群活动。性大胆。

食 性 主要以昆虫、草籽为食。

最佳观鸟时间 | 1 | 2 | 3 | 4 | 5 | 6 | 7 | 8 | 9 | 10 | 11 | 12 |

最佳观鸟地点 全境

戎志豪　拍摄

289　斑鸫(bān dōng) *Turdus eunomus*　旅鸟、冬候鸟

英 文 名　Dusky Thrush

别　　名　串鸡　北画眉　斑点鸫　红尾鸫

识别要点　体长约25cm，雌雄同色。色较暗。头顶、上体橄榄褐色，杂有黑色，眉纹淡棕色。下体白色，喉颈侧、胸部具黑色斑点，在胸部密集成横带。

生态特征　鸣禽，栖息于林缘、农田、道旁、村庄附近的灌木丛，常在农田和草地中结群活动。性大胆。

食　　性　主要以昆虫、草籽为食。

最佳观鸟时间　| 1 | 2 | 3 | 4 | 5 | 6 | 7 | 8 | 9 | 10 | 11 | 12 |

最佳观鸟地点　全境

陈建中 拍摄

陈建中 拍摄

290 宝兴歌鸫(bǎo xīng gē dōng)*Turdus mupinensis* 旅鸟

英 文 名 **Chinese Thrush**

别　　名 歌鸫 花穿草鸡

识别要点 体长约23cm，雌雄同色。上体橄榄褐色，眉纹棕白色，耳区有显著的黑色块斑，下体白色，密布圆形黑色斑点。雌鸟羽色稍暗淡。

生态特征 鸣禽,在近水的林地和灌木丛中活动。

食　　性 以植物种子、浆果和果实为食,也食昆虫。

最佳观鸟时间

1	2	3	4	5	6	7	8	9	10	11	12

最佳观鸟地点 公园

吕兴国　拍摄

戎志强　拍摄

（六十三）鹟科 Muscicapidae

嘴较平扁，基部较宽阔，侧有长刚毛，翅尖长。善于在飞行中捕捉猎物。

291　红尾歌鸲(hóng wěi gē qú) *Larvivora sibilans*　旅鸟

英 文 名　Rufous-tailed Robin

识别要点　小型鸟类, 体长约 13cm。雌雄同色。雄鸟上体橄榄褐色, 飞羽黑褐色, 尾及尾上覆羽红褐色。下体白色, 喉、胸部及两胁有褐色鳞状斑。雌鸟上体和尾羽色淡, 下体鳞状斑不显著。虹膜暗褐色, 嘴黑色, 脚黄褐色。

生态特征　鸣禽, 栖息于疏林及潮湿的灌木林等地, 常在地上奔跑、跳跃, 不时上举尾部。单独或成对活动。在郊县平原田野可见。

食　　性　主要以昆虫为食。

最佳观鸟时间 | 1 | 2 | 3 | 4 | 5 | 6 | 7 | 8 | 9 | 10 | 11 | 12 |

最佳观鸟地点　水上公园

莫训强 拍摄

戎志强 拍摄

292 蓝歌鸲(lán gē qú)*Larvivora cyane* 旅鸟

英文名 **Siberian Blue Robin**

别　名 蓝尾巴根　蓝鸲　蓝靛

识别要点 体长约14cm，雌雄异色。雄鸟上体铅蓝色。一条宽阔的黑纹从嘴部延至胸两侧，下体纯白色。雌鸟上体橄榄褐色，腰和尾蓝灰色。

生态特征 鸣禽，多在针叶、阔叶混交林地面和灌木丛中活动，常隐于灌木丛中，善地面奔跑，奔跑时尾不停地上下摆动。

食　性 以鞘翅目等昆虫为食。

最佳观鸟时间 | 1 | 2 | 3 | 4 | 5 | 6 | 7 | 8 | 9 | 10 | 11 | 12 |

最佳观鸟地点 公园

雄鸟　　　　　　　　　　　　　　　　陈建中　拍摄

雌鸟　　　　　　　　　　　　　　　　戈志强　拍摄

293　红喉歌鸲(hóng hóu gē qú)*Calliope calliope*　旅鸟

英 文 名　**Siberian Rubythroat**

别　　名　红点颏

识别要点　体长约16cm，雌雄异色。雄鸟额、头顶暗棕褐色，眉纹和颧纹白色，耳羽褐色，有细的白色羽干。喉鲜红色，四周有黑色狭纹，两翼和尾黑褐色，胸灰褐色，腹白色，两胁、肛周棕褐色。雌鸟喉棕白色，眉纹和颧纹不显著。虹膜褐色，嘴黑褐色。

生态特征　鸣禽，栖息于林间的灌木丛和草地，单个或成对活动。

食　　性　主要以昆虫为食。

最佳观鸟时间　| 1 | 2 | 3 | 4 | 5 | 6 | 7 | 8 | 9 | 10 | 11 | 12 |

最佳观鸟地点　公园

保护级别　国家Ⅱ级保护鸟类

雌鸟　　　　　　　　　　　　　　　　英训强　拍摄

雄鸟　　　　　　　　　　　　　　　　戎志强　拍摄

294　蓝喉歌鸲(lán hóu gē qú) *Luscinia svecica*　旅鸟

英 文 名　**Bluethroat**

别　　名　蓝点颏　意即喉　芦稿鸟

识别要点　体长约14cm，雌雄异色。雄鸟上体橄榄褐色，眉纹棕黄色，喉、胸辉蓝色，喉中部有栗红色斑，下胸具一棕色横带，其间为宽阔的辉蓝色横带，在辉蓝色横带的前后各有一道白色窄边，其余下体白色，沾棕。雌鸟喉、胸白色，头顶无黑色纵纹。虹膜褐色，嘴黑色，脚黑褐色。

生态特征　鸣禽，喜栖息于水边灌木丛和草丛中，能在灌木丛中急速蹿飞，奔跑时尾常上举。单独或成对活动。

食　　性　吃昆虫及其幼虫。

最佳观鸟时间

1	2	3	4	5	6	7	8	9	10	11	12

最佳观鸟地点　公园

保护级别　国家 II 级保护鸟类

雌鸟　　　陈建中　拍摄

雄鸟　　　戎志强　拍摄

295　红胁蓝尾鸲(hóng xié lán wěi qú) *Tarsiger cyanurus*　冬候鸟、旅鸟

英 文 名　**Orange-flanked Bluetail**

别　　名　琉璃鹟　蓝大眼　青鹟　青尾巴根子

识别要点　体长约15cm，雌雄异色。雌雄都有红棕色的胁部和蓝尾。雄鸟上体灰蓝色，腰和尾上覆羽色鲜亮，眉纹白色延至嘴基，有明显的白眼圈。雌鸟上体为橄榄褐色，浅色眉纹不明显。

生态特征　鸣禽，栖息于林间的灌木丛和草地。在树枝间活动，也常在灌木丛中跳跃。

食　　性　主要以昆虫为食。

最佳观鸟时间

1	2	3	4	5	6	7	8	9	10	11	12

最佳观鸟地点　全境

296 北红尾鸲(běi hóng wěi qú)*Phoenicurus auroreus* 夏候鸟、旅鸟

英 文 名 **Daurian Redstart**

别　　名 火燕　马褂　窝窝燕　窝瓜燕　花红燕

识别要点 体长约15cm，雌雄异色。雌雄都有白色翼斑和红棕色的腰和尾。雄鸟头、上背石板灰色，下背黑色，下体橙棕色。雌鸟上体橄榄褐色，下体暗黄褐色。

生态特征 鸣禽，栖息于林间的灌木丛等地，生境较广泛。鸣叫时不断点头翘尾。

食　　性 主要以昆虫、灌木果实和种子为食。

最佳观鸟时间

1	2	3	4	5	6	7	8	9	10	11	12

最佳观鸟地点 全境

雄鸟　　　　　　　　　　　　　　　　陈建中　拍摄

雌鸟　　　　　　　　　　　　　　　　陈建中　拍摄

297　红尾水鸲(hóng wěi shuǐ qú)*Rhyacornis fuliginosa*　留鸟

英 文 名　Plumbeous Water Redstart

识别要点　体长约14cm，雌雄异色。雄鸟通体铅灰蓝色，尾羽栗红色。雌鸟上体淡灰褐色，下体淡蓝灰色，具白色斑点。

生态特征　鸣禽，喜在有树的水边活动，在山区石缝中筑巢。

食　　性　食昆虫及植物种子。

最佳观鸟时间

1	2	3	4	5	6	7	8	9	10	11	12

最佳观鸟地点　蓟州区

陈建中 拍摄

陈建中 拍摄

298 紫啸鸫(zǐ xiào dōng)*Myophonus caeruleus* 旅鸟

英 文 名 **Blue Whistling Thrush**

识别要点 体长约32cm，雌雄同色。通体深紫蓝色，布满淡紫色滴状纵行斑点，非常醒目。斑点以喉、胸部大，头顶、后颈较小。

生态特征 鸣禽，栖息于山石溪流环境，常在灌木丛和乱石丛中活动。常在地面跳跃前进。

食 性 以昆虫、果实和草籽为食。

最佳观鸟时间

1	2	3	4	5	6	7	8	9	10	11	12

最佳观鸟地点 蓟州区

陈建中 拍摄

陈建中 拍摄

陈建中 拍摄

299　黑喉石䳭(hēi hóu shí jí)*Saxicola maurus*　旅鸟

英 文 名　**Siberian Stonechat**

别　　名　驴粪球

识别要点　体长约 14cm,雌雄异色。雄鸟上体黑色,腰部及尾上覆羽白色,喉部黑色,胸部沾棕栗色。雌鸟上体淡黑褐色,具棕色纹。

生态特征　鸣禽,栖息于低山丘陵和山脚平原地带。喜在小树、灌木丛和电线杆上活动。

食　　性　在地面和空中捕食昆虫,亦食草籽。

最佳观鸟时间

1	2	3	4	5	6	7	8	9	10	11	12

最佳观鸟地点　全境

陈建中　拍摄

300　蓝矶鸫(lán jī dōng) *Monticola solitarius*　夏候鸟、旅鸟

英 文 名　**Blue Rock Thrush**

识别要点　体长约23cm,雌雄异色。雄鸟上体纯蓝色,下体喉、胸部蓝色,余部暗栗红色,非常醒目。雌鸟上体蓝灰色,下体淡茶黄色。密布黑色鳞状横斑。

生态特征　鸣禽,栖息于山地林间及平原等地,常在林间的高树上单个或成对活动。

食　　性　主要以昆虫为食。

最佳观鸟时间

1	2	3	4	5	6	7	8	9	10	11	12

最佳观鸟地点　郊县

陈建中　拍摄

陈建中　拍摄

301　白喉矶鸫(bái hóu jī dōng) *Monticola gularis*　旅鸟

英 文 名　**White-throated Rock Thrush**

别　　名　虎皮翠　臭皮翠

识别要点　体长约19cm,雌雄异色。雄鸟头顶蓝色,下体和腰浓栗色,喉部中央有一白色块斑,非繁殖羽下体有鳞片纹,雌鸟上体灰褐色,全身有黑色鳞状斑。

生态特征　鸣禽,栖息于近水的树林、多石的山地灌木丛和草地等处。常在低树枝上站立,站姿挺立。

食　　性　主要在地面取食,以昆虫和小型无脊椎动物为食。

最佳观鸟时间

1	2	3	4	5	6	7	8	9	10	11	12

最佳观鸟地点　团泊洼

©陈建中 拍摄

302 灰纹鹟(huī wén wēng)*Muscicapa griseisticta* 旅鸟

英 文 名 **Grey-streaked Flycatcher**

识别要点 体长约 14cm。雌雄同色。上体灰褐色,背具不明显的暗色羽轴纹,下体白色,胸、腹和两胁有明显的成条排列的纵纹。虹膜暗褐色,嘴黑色,脚黑褐色。

生态特征 鸣禽,栖息于森林、林缘等地。

食 性 主要以昆虫及其幼虫为食。

最佳观鸟时间 | 1 | 2 | 3 | 4 | 5 | 6 | 7 | 8 | 9 | 10 | 11 | 12 |

最佳观鸟地点 团泊洼

王玉良　拍摄

303　乌鹟(wū wēng)*Muscicapa sibirica*　**旅鸟**

英 文 名　**Dark-sided Flycatcher**

别　　名　大眼嘴儿

识别要点　体长约13cm，雌雄同色。上体灰褐色，眼先及眼圈稍白。喉白色，胸和两胁有粗的灰褐色纵纹，站立时，翼尖达尾部三分之二处。

生态特征　鸣禽，栖息于树林和疏林灌木丛，常在林缘树枝上活动，飞向灵活。

食　　性　以昆虫为食。

最佳观鸟时间

1	2	3	4	5	6	7	8	9	10	11	12

最佳观鸟地点　全境

陈建中 拍摄

304 北灰鹟(běi huī wēng)*Muscicapa dauurica* 旅鸟

英 文 名 Asian Brown Flycatcher

别 名 灰大眼 大眼嘴儿 灰砂来

识别要点 体长约 13cm，雌雄同色。上体灰褐色，眼周和眼先白色。胸和两胁灰色，无纵纹，静立时，翼尖达尾部一半处。

生态特征 鸣禽，栖息于森林及山地林缘，常隐匿树枝上，飞捕昆虫后，又回到原处，有时也到地面捕食。

食 性 以昆虫为食。

最佳观鸟时间 | 1 | 2 | 3 | 4 | 5 | 6 | 7 | 8 | 9 | 10 | 11 | 12 |

最佳观鸟地点 全境

雄鸟　　　　　　　　　　　　　　陈建中　拍摄

雌鸟　　　　　戎志强　拍摄

雄鸟　　　　　　　戎志强　拍摄

305　白眉姬鹟(bái méi jī wēng)*Ficedula zanthopygia*　夏候鸟、旅鸟

英 文 名　**Yellow-rumped Flycatcher**

别　　名　鸭蛋黄

识别要点　体长约13cm，雌雄异色。雄鸟上体黑色，眉纹白色，腰部鲜黄色，翅有白斑。下体鲜鸭蛋黄色。雌鸟上体暗黄绿色，腰和下体黄色。

生态特征　鸣禽，森林鸟类，在河谷与林缘地带的树林中常见。

食　　性　以昆虫为食。

最佳观鸟时间　| 1 | 2 | 3 | 4 | 5 | 6 | 7 | 8 | 9 | 10 | 11 | 12 |

最佳观鸟地点　全境

钱斌 拍摄

306 黄眉姬鹟(huáng méi jī wēng) *Ficedula narcissina* 夏候鸟、旅鸟

英 文 名 **Narcissus Flycatcher**

识别要点 体长约 13cm，雌雄异色。雄鸟以黄色眉纹和白色下腹与白眉姬鹟区别。雌鸟上体橄榄灰绿色，腰部和尾上覆羽暗绿黄色。下体浅黄白色，喉部、胸侧缀橄榄灰褐色鳞状斑纹。

生态特征 鸣禽，栖息于山林林缘及山脚平原等地，常在山地混交林及灌木丛中活动。

食 性 以昆虫为食。

最佳观鸟时间 | 1 | 2 | 3 | 4 | 5 | 6 | 7 | 8 | 9 | 10 | 11 | 12 |

最佳观鸟地点 全境

莫训强　拍摄

307　绿背姬鹟(lǜ bèi jī wēng)*Ficedula elisae*　**夏候鸟、旅鸟**

英 文 名　Green-backed Flycatcher

识别要点　体长约13cm，雌雄异色。雄鸟上体橄榄黄绿色，眼圈眉纹柠檬黄色，下体柠檬黄色，较为艳丽。雌鸟眼圈眉纹灰黄白色，下体淡黄白色。

生态特征　鸣禽，栖息于山林林缘及山脚平原等地，常在山地混交林及灌木丛中活动。

食　　性　以昆虫为食。

最佳观鸟时间

1	2	3	4	5	6	7	8	9	10	11	12

最佳观鸟地点　蓟州区

陈建中　拍摄

308　鸲姬鹟(qú jī wēng)*Ficedula mugimaki*　旅鸟

英 文 名　**Mugimaki Flycatcher**

别　　名　麦鹟

识别要点　体长约 13cm，雌雄异色。雄鸟上体黑色，眼后上方有一短的白色眉斑，飞羽黑褐色，上有明显的白斑。下体喉至上腹赭色，后部近白色。雌鸟上体灰褐绿色，下体前部橙黄色，后部白色，眉斑不明显。虹膜暗褐色，嘴黑色，脚红褐色。

生态特征　鸣禽，栖息于山林及平原农田等地，常在树冠中活动和取食。

食　　性　以昆虫为食。

最佳观鸟时间　| 1 | 2 | 3 | 4 | 5 | 6 | 7 | 8 | 9 | 10 | 11 | 12 |

最佳观鸟地点　全境

莫训强　拍摄

309　红胸姬鹟（hóng xiōng jī wēng）*Ficedula parva*　迷鸟

英 文 名　**Red-breasted Flycatcher**

识别要点　体长约 13cm，雌雄同色。繁殖羽雄鸟喉部橙红色延伸至下胸，易于与红喉姬鹟区分。非繁殖羽与红喉姬鹟较为相似，主要区别为：红胸姬鹟的下嘴基部浅色，胸部沾皮黄色，红喉姬鹟嘴全黑；胸部无皮黄色；红胸姬鹟中央尾羽颜色棕褐色至棕黑色，红喉姬鹟尾羽均一的黑色。

生态特征　鸣禽，栖息于森林、林缘等地，喜在山林及农田活动。在天津为极罕见迷鸟。

食　　性　以昆虫为食。

最佳观鸟时间

1	2	3	4	5	6	7	8	9	10	11	12
											■

最佳观鸟地点　天津师范大学

雌鸟　　　　　　　　　　　　　　　　陈建中　拍摄

雄鸟　　　　　　　　　　　　　　　　陈建中　拍摄

310　红喉姬鹟（hóng hóu jī wēng）*Ficedula albicilla*　旅鸟

英 文 名　**Taiga Flycatcher**

别　　名　黄点颏　白点颏　黄脖

识别要点　体长约13cm，雌雄同色。身体暗灰褐色，尾羽黑色，有醒目的白色圆斑，雄鸟喉部繁殖羽橘红色，非繁殖羽为白色。雌鸟喉部为淡黄色。

生态特征　鸣禽，栖息于森林、林缘等地，喜在山林及农田活动。迁经量较大。

食　　性　以昆虫为食。

最佳观鸟时间

1	2	3	4	5	6	7	8	9	10	11	12

最佳观鸟地点　全境

陈建中　拍摄

311　白腹蓝鹟(bái fù lán wēng)*Cyanoptila cyanomelana*　**旅鸟**

英 文 名　**Blue-and-white Flycatcher**

别　　名　小石青

识别要点　体长约14cm，雌雄异色。雄鸟上体青蓝色，下体喉、胸黑色，腹部白色。雌鸟上体橄榄褐色，下体白色，两胁暗灰色。虹膜暗褐色，嘴暗褐色，下嘴基部色浅，脚黑色。

生态特征　鸣禽，栖息于山区混交林及灌木丛等处，也常出现在河流、小溪附近的疏林。

食　　性　主要以各种昆虫为食。

最佳观鸟时间

1	2	3	4	5	6	7	8	9	10	11	12

最佳观鸟地点　塘沽

王崇义 拍摄

312 铜蓝鹟(tóng lán wēng)*Eumyias thalassinus* 罕见旅鸟

英 文 名 **Verditer Flycatcher**

识别要点 体长约13cm, 雌雄同色。身体为鲜艳的铜蓝色, 眼先黑色。雌鸟不如雄鸟鲜艳, 下体灰蓝色。

生态特征 鸣禽, 栖息于森林、林缘等地, 喜在山林及农田活动。

食 性 以昆虫为食。

最佳观鸟时间
1	2	3	4	5	6	7	8	9	10	11	12

最佳观鸟地点 北大港

雌鸟　　　　　　　　　陈建中　拍摄

雄鸟　　　　　　　　　陈建中　拍摄

313　戴菊(dài jú) *Regulus regulus*　旅鸟、冬候鸟

英文名　Goldcrest

　　识别要点　体长约9cm，雌雄异色。色彩鲜明的偏绿色小鸟。雄鸟头顶中央有橙红色羽冠斑，两侧有一条黑纹。飞羽上有两道明显的白色翅斑，下体淡黄色。雌鸟色淡，头顶中央斑为柠檬黄色。

　　生态特征　鸣禽，栖息于山林及平原林缘等地，结群，活泼好动。

　　食　　性　主要以各种昆虫为食，以鞘翅目昆虫及其幼虫为主，也吃蜘蛛和其他小型无脊椎动物，冬季也吃少量植物种子。

最佳观鸟时间

1	2	3	4	5	6	7	8	9	10	11	12

最佳观鸟地点　公园

（六十五）太平鸟科 Bombycillidae

雌雄相似，嘴短，基部宽阔，头顶有羽冠，食果实，集群

chen建中　拍摄

314　太平鸟(tài píng niǎo)Bombycilla garrulus　旅鸟

英 文 名　Bohemian Waxwing

别　　名　十二黄

识别要点　体长约18cm，雌雄同色。易于辨认的灰色有冠鸟类，尾羽有黑色次端斑和黄色端斑。

生态特征　鸣禽，栖息于树林、林缘、果园、公园等地，常在树上活动，结群。

食　　性　主要以植物果实、种子、芽等为食，也吃一些昆虫。

最佳观鸟时间

1	2	3	4	5	6	7	8	9	10	11	12

最佳观鸟地点　公园

孙国明　拍摄

孙国明　拍摄

（六十六）岩鹨科 Prunellidae

316　领岩鹨(lǐng yán liù) *Prunella collaris*　留鸟

英 文 名　**Alpine Accentor**

别　　名　麻鹨

识别要点　体长约17cm，雌雄同色。上体棕栗色，飞羽黑褐色，有白色翼斑；尾黑色，有白色和栗色端斑。喉部有黑白相间的横斑，胸灰褐色，腹部黄褐色，两胁栗色，有白色斑纹。嘴黑褐色，基部黄色；脚肉褐色。虹膜暗褐色。

生态特征　鸣禽，栖息于山脚平原地带。

食　　性　主要以昆虫为食，也吃蜘蛛等小型无脊椎动物和植物等。

最佳观鸟时间　| 1 | 2 | 3 | 4 | 5 | 6 | 7 | 8 | 9 | 10 | 11 | 12 |

最佳观鸟地点　蓟州区

陈建中　拍摄

陈建中　拍摄

317 棕眉山岩鹨(zōng méi shān yán liù)*Prunella montanella*　留鸟

英 文 名 Siberian Accentor

别　　名 寒雀

识别要点 体长约15 cm，雌雄同色。头顶和脸部黑色，棕黄色长眉在黑色头部非常醒目。喉、前胸为棕黄色。胸侧和两胁杂有细的栗褐色纵纹。

生态特征 鸣禽，栖息于山脚平原的林缘、河谷、灌木丛、农田等地，常在草丛中躲藏。

食　　性 以各种昆虫为食，也吃一些草籽、果实等。

最佳观鸟时间 | 1 | 2 | 3 | 4 | 5 | 6 | 7 | 8 | 9 | 10 | 11 | 12 |

最佳观鸟地点 蓟州区

雌鸟　　　　　　　　　　　陈建中　拍摄

雄鸟　　　　　　　　　　　陈建中　拍摄

（六十七）雀科 Passeridae

小型鸟类，嘴粗短，闭合严实，脚粗壮，多结群生活。

318　山麻雀(shān má què) *Passer cinnamomeus*　留鸟

英 文 名　**Russet Sparrow**

别　　名　红雀

识别要点　体长约14cm，雌雄异色。雄鸟上体栗红色，头侧白色，耳羽处无黑斑。喉黑色，下体灰白色。雌鸟上体褐色，有黑色斑纹。喉皮黄色，下体灰棕色。

生态特征　鸣禽，栖息在山林间，在树木、草丛、灌木丛中，结群活动。

食　　性　食植物种子和昆虫。

最佳观鸟时间　| 1 | 2 | 3 | 4 | 5 | 6 | 7 | 8 | 9 | 10 | 11 | 12 |

最佳观鸟地点　蓟州区

陈建中 拍摄

陈建中 拍摄

319 麻雀(má què) *Passer montanus* 留鸟

英 文 名 Eurasian Tree Sparrow

别　　名 家雀　老家贼

识别要点　体长约 14cm,雌雄同色。头栗红色,颊部白色,耳羽后缘黑色。上体棕褐色,喉黑色,下体污白色。

生态特征　鸣禽,栖息于多种生境。常在城乡民居附近树上和灌木草丛、地面活动,结群。

食　　性　食谷物、草籽及人类丢弃的食物,育雏期捕食昆虫。

最佳观鸟时间

1	2	3	4	5	6	7	8	9	10	11	12

最佳观鸟地点　全境

陈建中 拍摄

（六十八）鹡鸰科 Motacillidae

雌雄多相似，体型修长，嘴细长，翅长而尖，外侧尾羽几乎纯白色，尾部不断上下摆动。飞行有力似跳跃般前进。

陈建中 拍摄

320 山鹡鸰(shān jí líng)Dendronanthus indicus 夏候鸟

英 文 名 Forest Wagtail

识别要点 体长约 17cm，雌雄同色。以胸部的黑带和偏白的翼斑来辨认。头顶至上体为橄榄褐色。黄白色眉纹较长，翼上有两道白色横斑。前胸有一黑色 "T" 形横带，后胸也有黑色横带，但不完整。

生态特征 鸣禽，主要栖于树上，活动于森林、林缘、河边及城镇大树上，尾常左右摆动。飞行呈波浪式。

食 性 主要以昆虫为食。

最佳观鸟时间

1	2	3	4	5	6	7	8	9	10	11	12

最佳观鸟地点 蓟州区

陈建中　拍摄

321　黄鹡鸰(huáng jí líng)*Motacilla tschutschensis*　旅鸟

英 文 名　**Eastern Yellow Wagtail**

别 　 名　灰头鹡鸰

识别要点　体长约18cm，雌雄同色。头顶蓝灰色，白色眉纹；上体灰色，下体黄白色。

生态特征　鸣禽，栖息于林缘、农田、江河、湖岸等较为开阔的环境。飞行呈波浪形，停落时尾不断上下摆动。

食 　 性　主要以昆虫为食，也吃一些植物等。

最佳观鸟时间	1	2	3	4	5	6	7	8	9	10	11	12

最佳观鸟地点　湿地

陈建中 拍摄

322 黄头鹡鸰(huáng tóu jí líng)*Motacilla citreola* 旅鸟

英 文 名 **Citrine Wagtail**

识别要点 体长约18cm,雌雄异色。翼黑色,有两条白色翼带。雄鸟头部、喉及全部下体为鲜黄色。雌鸟头顶黄色,但杂以灰褐色,黄色眉纹,下体黄色。

生态特征 鸣禽,栖息于河湖岸边、农田、沼泽等地,常在水边捕食。

食 性 以昆虫为食,偶尔吃植物性食物。

最佳观鸟时间

1	2	3	4	5	6	7	8	9	10	11	12

最佳观鸟地点 北大港

雄鸟　　　　　　　　　　　　　　陈建中　拍摄

雌鸟　　　　　　　　　　　　　　陈建中　拍摄

323　灰鹡鸰(huī jí líng) *Motacilla cinerea*　旅鸟

英 文 名　**Gray Wagtail**

识别要点　体长约19cm，雌雄同色，以灰色上体、黄色下体、白色眉纹来辨认。雄鸟喉部夏季黑色，冬季白色。雌鸟上体较绿灰，喉部冬夏均白色。

生态特征　鸣禽，栖息于河湖岸边、农田、沼泽及村庄等地，停落时尾不停地上下摆动，多在水边捕食。

食　　性　主要以昆虫为食。

最佳观鸟时间

1	2	3	4	5	6	7	8	9	10	11	12

最佳观鸟地点　全境

陈建中 拍摄

陈建中 拍摄

324 白鹡鸰(bái jí líng)*Motacilla alba* 旅鸟、夏候鸟

英 文 名 **White Wagtail**

别 名 马兰花 白马尿 点三点

识别要点 体长约20cm，雌雄异色。毛色变化大，以黑、白搭配。雄鸟额、脸及喉部为白色，头顶、枕部及上体黑色，胸部黑色。雌鸟上体黑灰色，胸部黑斑较小。

生态特征 鸣禽，栖息于河湖岸边、农田、沼泽等地，也见于水域附近的公园、居民点。

食 性 主要以昆虫为食，也吃其他无脊椎动物和植物等。

最佳观鸟时间

1	2	3	4	5	6	7	8	9	10	11	12

最佳观鸟地点 全境

陈建中　拍摄

325 田鹨(tián liù)*Anthus richardi* 旅鸟

英 文 名 **Richard's Pipit**

别　　名 白眉田鹨

识别要点 体长约16cm，雌雄同色。上体为棕黄色，有白色眉纹。下体纵纹仅限于胸部。特征为长脚，有笔直的站姿。

生态特征 鸣禽，栖息于开阔平原、河滩、林缘灌丛及农田、沼泽等地，行走迅速，多贴地面飞行，飞行呈波浪曲线形。

食　　性 主要以昆虫为食。

最佳观鸟时间

1	2	3	4	5	6	7	8	9	10	11	12

最佳观鸟地点 郊县

戎志强 拍摄

326 树鹨(shù liù)*Anthus hodgsoni* 旅鸟

英 文 名 **Olive-backed Pipit**

别 名 麦溜子

识别要点 体长约15cm，雌雄同色。身体暗绿色，纵纹不明显，淡黄色眉纹明显，颈、前胸沙黄色，有黑色点斑组成纵纹，两胁亦如此。

生态特征 鸣禽，栖息于林缘、河谷、林间空地等，野外停栖时，尾常上下摆动。

食 性 主要以昆虫为食，也吃其他无脊椎动物和植物等。

最佳观鸟时间 | 1 | 2 | 3 | 4 | 5 | 6 | 7 | 8 | 9 | 10 | 11 | 12 |

最佳观鸟地点 全境

陈建中 拍摄

327 红喉鹨(hóng hóu liù)*Anthus cervinus* 旅鸟

英 文 名 Red-throated Pipit

识别要点 体长约15cm,雌雄同色。上体棕褐色,黑褐色纵纹明显,下体黄褐色,胸和两胁有黑褐色纵纹。繁殖羽头、胸棕红色,易于辨认。

生态特征 鸣禽,栖息于湖边、沙滩、林缘、河谷、沼泽等地,偏好潮湿的地方,在地面取食。

食 性 主要以昆虫为食。

最佳观鸟时间 | 1 | 2 | 3 | 4 | 5 | 6 | 7 | 8 | 9 | 10 | 11 | 12 |

最佳观鸟地点 郊县

陈建中　拍摄

328 黄腹鹨(huáng fù liù)*Anthus rubescens*　旅鸟、冬候鸟

英 文 名　**Buff-bellied Pipit**

识别要点　体长约15cm，雌雄同色。类似树鹨，但背部深灰褐色，下体纵纹较浓密，在上胸形成项链模样。

生态特征　鸣禽，栖息于河谷、溪流、水塘、沼泽等水域岸边及附近的农田、草地、水渠和旷野等地。

食　　性　主要以昆虫为食，也吃其他无脊椎动物和植物等。

最佳观鸟时间

1	2	3	4	5	6	7	8	9	10	11	12

最佳观鸟地点　郊县

陈建中 拍摄

329 水鹨(shuǐ liù)*Anthus spinoletta* 旅鸟、冬候鸟

英 文 名 Water Pipit

识别要点 体长约 15cm，雌雄同色。上体为橄榄褐色，有不太明显的暗褐色纵纹，白色眉纹，下体黄白色，胸部羽色较深，具暗褐色粗纹，两胁有细的暗色纵纹。

生态特征 鸣禽，栖息于林缘、河谷、林间空地及农田、旷野等，偏好淡水池塘边缘，地面取食时尾上下摆动。

食　性 主要以昆虫为食，也吃其他无脊椎动物和植物等。

最佳观鸟时间

1	2	3	4	5	6	7	8	9	10	11	12

最佳观鸟地点 郊县

陈建中　拍摄

（六十九）燕雀科 Fringillidae

小型鸟类，嘴粗厚而短，圆锥形，尾部末端凹入，雌雄常异色。飞行上下起伏。

330　苍头燕雀（cāng tóu yàn què）*Fringilla coelebs*　罕见旅鸟

英文名　**Common Chaffinch**

识别要点　体长约16cm，雌雄异色。雄鸟前额黑色，头顶至枕蓝灰色，上背褐色，两翅和尾黑褐色，上有大型白斑，下体粉红褐色。雌鸟上体淡褐色，下体污白色。虹膜褐色，嘴肉褐色，脚铅褐色。

生态特征　鸣禽，栖息于山地混交林及农田灌木丛等地，常在林中及附近村落树丛间活动。

食　　性　主要以昆虫及植物果实和种子为食。

最佳观鸟时间

1	2	3	4	5	6	7	8	9	10	11	12

最佳观鸟地点　郊县

陈建中 拍摄

戈志强 拍摄

331 燕雀(yàn què)*Fringilla montifringilla* 冬候鸟、旅鸟

英 文 名 **Brambling**

别 名 虎皮鸟 金背

识别要点 体长约 16cm，雌雄同色。雄鸟头、上体黑色，棕黄色的胸和肩，白色的腰，飞行时尤明显。雌鸟体色较淡。

生态特征 鸣禽，栖息于山地、平原树林、果园、村落、农田等地。结群活动，多在地面取食。

食 性 食植物种子及昆虫。

最佳观鸟时间

1	2	3	4	5	6	7	8	9	10	11	12

最佳观鸟地点 郊区

332 锡嘴雀(xī zuǐ què)*Coccothraustes coccothraustes* **旅鸟**

英 文 名 **Hawfinch**

别　　名 老西　锡嘴　铁嘴腊子

识别要点 体长约 18cm，雌雄同色。嘴粗大，铅色，头皮黄色，后颈有一灰色领环，上体棕褐色，飞羽黑色，下体灰红色，尾下覆羽白色。雌鸟羽色较淡。

生态特征 鸣禽。多在平原或山地的高大树木上生活，也常到小树林和灌丛及农田中觅食。

食　　性 主要以植物果实、种子、草籽和昆虫为食。

最佳观鸟时间 | 1 | 2 | 3 | 4 | 5 | 6 | 7 | 8 | 9 | 10 | 11 | 12 |

最佳观鸟地点 梅江公园

雄鸟   陈建中 拍摄

雌鸟   戎志强 拍摄

333 黑尾蜡嘴雀(hēi wěi là zuǐ què)*Eophona migratoria* 旅鸟

英 文 名 **Chinese Grosbeak**

别 名 皂儿 灰儿 铜嘴

识别要点 体长约17cm，雌雄异色。嘴黄色，粗大，嘴尖和汇合线黑色。雄鸟头部黑色比黑头蜡嘴雀大，雌鸟头部灰褐色。

生态特征 鸣禽，常在次生林、林缘、田边活动。结群，飞行迅速。

食 性 食昆虫、树木种子、草籽。

最佳观鸟时间

1	2	3	4	5	6	7	8	9	10	11	12

最佳观鸟地点 团泊洼

于全领　拍摄

于全领　拍摄

334　**黑头蜡嘴雀**(hēi tóu là zuǐ què)*Eophona personata*　**旅鸟**

英 文 名　**Japanese Grosbeak**

别　　名　腊子

识别要点　体长约22cm，雌雄异色。雄鸟头黑色，上体灰色，飞羽黑色，尾羽黑色。喉黑色，胸灰褐色，腹部转白色。雌鸟上体多为褐灰色。嘴黄色，粗大。相似种黑尾蜡嘴雀体型较小，飞羽具白色端斑，头部黑色较多。

生态特征　鸣禽。栖息于各种乔木林及林缘居民点，多在树冠活动。

食　　性　主要以昆虫、植物种子等为食。

最佳观鸟时间　| 1 | 2 | 3 | 4 | 5 | 6 | 7 | 8 | 9 | 10 | 11 | 12 |

最佳观鸟地点　长虹公园

戎志强　拍摄

戎志强　拍摄

335　红腹灰雀(hóng fù huī què)*pyrrhula pyrrhula*　罕见
冬候鸟

英 文 名　Eurasian Bullfinch

识别要点　体长约 16cm,雌雄同色。头亮黑色,上体灰色,腰白色,尾和尾上覆羽黑色,翅黑褐色,有白色翅斑,下体粉红色。尾下覆羽白色。

生态特征　鸣禽,在林缘和灌木丛中活动,集群活动。

食　　性　主要以树木嫩芽和杂草种子为食。

最佳观鸟时间　| 1 | 2 | 3 | 4 | 5 | 6 | 7 | 8 | 9 | 10 | 11 | 12 |

最佳观鸟地点　北宁公园

陈建中 拍摄

戎志强 拍摄

336 普通朱雀(pǔ tōng zhū què)*Carpodacus erythrinus* 旅鸟

英 文 名 **Common Rosefinch**

别　　名 青麻料　红麻料　麻料

识别要点 体长约15cm，雌雄异色。雄鸟头、颏、喉、胸及腰暗朱红色。上体橄榄绿色，羽缘沾红色，翅黑褐色，有橄榄绿羽缘，尾暗褐色，叉形。喉、上胸浓红色，下腹、尾下覆羽灰白色。雌鸟头、背橄榄褐色，腰和下体黄褐色，沾棕，腹部近白色。虹膜褐色，嘴黄褐色，脚暗红褐色，爪血色。

生态特征 鸣禽，栖息于山区森林及林缘，常在林间和灌木丛中集群活动。飞行呈波浪形。

食　　性 食植物种子、浆果和嫩芽。

最佳观鸟时间

1	2	3	4	5	6	7	8	9	10	11	12

最佳观鸟地点 蓟州区

莫训强　拍摄

337　北朱雀(běi zhū què)*Carpodacus roseus*　冬候鸟

英 文 名　**Pallas's Rosefinch**

识别要点　体长约15cm，雌雄异色。雄鸟额、头顶、喉银白色，呈鳞片状排列，羽缘粉红色。背灰色，羽缘红色。翅黑褐色，尾上覆羽形成两道白斑。下体胸、上腹粉红色。雌鸟上体灰褐色，下体棕白色，有黑褐色羽干纹。

生态特征　鸣禽，栖息于森林及河岸疏林等地，常在林间和灌木丛中集群活动。

食　　性　食植物种子、浆果和嫩芽。

最佳观鸟时间　| 1 | 2 | 3 | 4 | 5 | 6 | 7 | 8 | 9 | 10 | 11 | 12 |

最佳观鸟地点　公园

保护级别　国家Ⅱ级保护鸟类

陈建中 拍摄

338 金翅雀（jīn chì què）*Chloris sinica* 留鸟

英 文 名 **Grey-capped Greenfinch**

别 名 金翅儿

识别要点 体长约13cm，雌雄同色。腰部金黄色，翅黑色，有较大的黄色斑块，飞行时明显。雌鸟色稍浅，下体的黄色变为黄褐色。

生态特征 鸣禽，栖息于平原、山林树丛等处。

食 性 食谷物、草籽，育雏期食昆虫。

最佳观鸟时间 | 1 | 2 | 3 | 4 | 5 | 6 | 7 | 8 | 9 | 10 | 11 | 12 |

最佳观鸟地点 全境

莫训强　拍摄

339　白腰朱顶雀（ bái yāo zhū dǐng què ）*Acanthis flammea*
冬候鸟

英 文 名　**Common Redpoll**

识别要点　体长约13cm，雌雄同色。雄鸟上体灰棕色，具黑褐色纵纹。额和头顶具朱红色斑块，眉纹白色，喉、上胸粉红色。雌鸟喉、上胸棕黄白色。

生态特征　鸣禽，栖息于森林、沼泽、农田等多种生境。常在林间和灌木丛中结群活动。

食　　性　食谷物种子、草籽和昆虫幼虫。

最佳观鸟时间　| 1 | 2 | 3 | 4 | 5 | 6 | 7 | 8 | 9 | 10 | 11 | 12 |

最佳观鸟地点　堆山公园

陈建中 拍摄

340 红交嘴雀(hóng jiāo zuǐ què) *Loxia curvirostra* 罕见旅鸟

英 文 名 Red Crossbill

别 名 红交嘴(雄) 青交嘴(雌)

识别要点 体长约 16.5 cm，雌雄异色。雄鸟通体朱红色。翅和尾近黑色，尾端凹形。下体暗红，下腹和尾下覆羽白色。雌鸟通体橄榄灰色，雄鸟的红色部分被暗灰绿色代替。虹膜暗褐色，上、下嘴交叉，黑褐色，脚黑褐色，略显红色。

生态特征 鸣禽，在针叶林中集群活动。

食 性 食松子、嫩芽和草籽。

最佳观鸟时间

1	2	3	4	5	6	7	8	9	10	11	12

最佳观鸟地点 蓟州区

保护级别 国家 II 级保护鸟类

陈建中　拍摄

戎志钧　拍摄

341　黄雀(huáng què)*Spinus spinus*　旅鸟

英　文　名　Eurasian Siskin

识别要点　体长约11.5 cm，雌雄同色。雄鸟头顶黑褐色，眉纹黄色，腰部黄绿色，翅上有2道鲜黄翅斑，雌鸟较雄鸟色淡，无头顶和喉部的黑斑，下体黑褐色纵纹多。

生态特征　鸣禽，栖息于平原和山地林间，多在林缘活动，也常在果园、溪流水边群居。

食　　性　食菜籽、植物嫩芽，也啄食昆虫。

最佳观鸟时间　| 1 | 2 | 3 | 4 | 5 | 6 | 7 | 8 | 9 | 10 | 11 | 12 |

最佳观鸟地点　全境

王玉良　拍摄

342　白头鹀(bái tóu wú)*Emberiza leucocephalos*　罕见旅鸟

英 文 名　**Pine Bunting**

识别要点　体长约17cm，雌雄同色。雄鸟头部有白色的顶冠纹，眉纹栗红色，耳下有白色斑带，喉部栗色与白色的胸带成对比。上体红褐色，具黑褐色纵纹，胸和两胁栗红色。雌鸟色淡，上体灰褐色。

生态特征　鸣禽，栖息于开阔地区林缘、灌木丛、农田等地。

食　　性　食杂草种子及昆虫。

最佳观鸟时间

1	2	3	4	5	6	7	8	9	10	11	12

最佳观鸟地点　北大港

陈建中　拍摄

343　灰眉岩鹀(huī méi yán wú) *Emberiza godlewskii*　留鸟

英 文 名 **Godlewski's Bunting**

别　　名 灰眉子

识别要点 体长约16cm,雌雄同色。雄鸟头灰色,贯眼纹栗色,眉纹灰色。腰栗红色,下体灰色和栗红色对比明显。雌鸟较雄鸟色淡。

生态特征 鸣禽,栖息于岩石、山地、林缘、灌木丛等处。

食　　性 食杂草种子及昆虫。

最佳观鸟时间 | 1 | 2 | 3 | 4 | 5 | 6 | 7 | 8 | 9 | 10 | 11 | 12 |

最佳观鸟地点 蓟州区

陈建中　拍摄

344　三道眉草鹀(sān dào méi cǎo wú) *Emberiza cioides* 留鸟

英 文 名　**Meadow Bunting**

别　　名　雷子　铁雀　三道眉　山带子　山麻雀

识别要点　体长约16cm，雌雄同色。雄鸟头部颜色抢眼，有三道眉纹，上体栗红色，下体红棕色，雌鸟头部图案不清晰，下体微带褐色。

生态特征　鸣禽，栖息于山地及平原林缘、疏林、灌木丛等地，常停在路旁电线或树枝上鸣叫。

食　　性　食物以杂草种子为主。

最佳观鸟时间　| 1 | 2 | 3 | 4 | 5 | 6 | 7 | 8 | 9 | 10 | 11 | 12 |

最佳观鸟地点　郊县

雌鸟　英训强　拍摄

雄鸟　戎志强　拍摄

345　白眉鹀(bái méi wú)*Emberiza tristrami*　旅鸟

英 文 名　**Tristram's Bunting**

识别要点　体长约15cm，雌雄同色。雄鸟头黑色，中央贯纹、眉纹、颊纹均为白色。背栗褐色，具黑色纵纹。喉黑色，胸部、两胁棕褐色，下体余部污白色。雌鸟色暗，头褐色。

生态特征　鸣禽，在阔叶林、混交林、林下灌木丛等地活动。

食　　性　以昆虫、谷物、草籽为食。

最佳观鸟时间

1	2	3	4	5	6	7	8	9	10	11	12

最佳观鸟地点　蓟州区

陈建忠 拍摄

346　栗耳鹀(lì ěr wú) *Emberiza fucata*　旅鸟

英 文 名　**Chestnut-eared Bunting**

别　　名　赤胸鹀　二雷子

识别要点　体长约16cm，雌雄同色。鉴别特征为颊和耳羽栗色。前胸有黑斑，与头部的黑色颚纹相连，形成黑色"U"形斑，雄鸟黑斑下有一栗色横带。雌鸟胸前黑斑小，不形成横带，无栗色带。

生态特征　鸣禽，栖息于低山丘陵、平原、河谷、沼泽等开阔地。常在地面草丛活动。

食　　性　食杂草种子。

最佳观鸟时间

1	2	3	4	5	6	7	8	9	10	11	12

最佳观鸟地点　郊县

陈建中　拍摄

戎志强　拍摄

347　小鹀(xiǎo wú)*Emberiza pusilla*　冬候鸟、旅鸟

英 文 名　**Little Bunting**

别　　名　山家雀　红脸鹀

识别要点　体长约 13cm。雌雄同色。头顶中央栗色，两侧黑色，眉纹黄褐色，耳羽栗红色，前胸和两胁污白，有黑色纹。

生态特征　鸣禽，栖息于山地及平原田野或林缘灌木丛，常在地面活动。迁经时间较长。

食　　性　食杂草种子及昆虫。

最佳观鸟时间　| 1 | 2 | 3 | 4 | 5 | 6 | 7 | 8 | 9 | 10 | 11 | 12 |

最佳观鸟地点　全境

陈建中　拍摄

陈建中　拍摄

348　黄眉鹀(huáng méi wú)*Emberiza chrysophrys*　旅鸟

英 文 名　**Yellow-browed Bunting**
别　　名　黄眉
识别要点　体长约15cm，雌雄同色。黑色的头部有白色冠纹和黄色眉纹，喉白色，有棕黑色细纹。
生态特征　鸣禽，栖息于低山丘陵、平原地区森林、疏林及灌木丛等地，也常在平原湿地、苇塘、稻田等处活动。在林缘和地面取食。
食　　性　主要食草籽，也食昆虫。

最佳观鸟时间	1	2	3	4	5	6	7	8	9	10	11	12

最佳观鸟地点　郊县

陈建中 拍摄

戎志强 拍摄

349 田鹀(tián wú)*Emberiza rustica* 冬候鸟、旅鸟

英 文 名 Rustic Bunting

别 名 冬眉子 田雀 花眉子

识别要点 体长约 14.5cm,雌雄同色。有短的独特冠羽,雄鸟头顶黑褐色,有浅黄色眉纹,下体白色,胸具一栗色带,两胁栗色。雌鸟较雄鸟羽色暗淡,头部为沙褐色。

生态特征 鸣禽,栖息于低山丘陵、平原地带的灌木丛等地,结群活动。

食 性 主要食草籽,也食昆虫。

最佳观鸟时间

1	2	3	4	5	6	7	8	9	10	11	12

最佳观鸟地点 郊县

保护级别 IUCN 级别 易危 Vulnerable(VU)

雄鸟　　　　　　　　　　　　　　　陈建中　拍摄

雌鸟　　　　　　　　　　　　　　　陈建中　拍摄

350　黄喉鹀(huáng hóu wú)*Emberiza elegans*　旅鸟、冬候鸟

英 文 名 **Yellow-throated Bunting**

别　　名 豆瓣　黄豆瓣

识别要点 体长约 15cm，雌雄同色。雄鸟头黑色，有短的羽冠，宽的黄色眉纹明显。喉部沙黄色，胸部有一半月形黑斑。雌鸟头为棕褐色，胸前半月形黑斑不明显。

生态特征 鸣禽，栖息于林缘灌木丛及农田、道旁等地，常在草丛中频繁飞上飞下。

食　　性 多以植物种子为食，也吃昆虫等。

最佳观鸟时间 | 1 | 2 | 3 | 4 | 5 | 6 | 7 | 8 | 9 | 10 | 11 | 12 |

最佳观鸟地点 郊县

王玉良 拍摄

雌鸟　　戎志强 拍摄

雄鸟　　戎志强 拍摄

351　黄胸鹀(huáng xiōng wú)*Emberiza aureola*　旅鸟

英 文 名　**Yellow-breasted Bunting**

别　　名　黄胆　禾花雀　黄肚囊

识别要点　体长约15cm，雌雄同色。雄鸟头顶和上体栗红色，背部杂有黑色纵纹，喉黑色，胸、腹部亮黄色，尤其胸部颜色鲜艳，上胸具一栗色胸带。雌鸟色暗，上体橄榄褐色，虹膜褐色，嘴栗红色。

生态特征　鸣禽，栖息于河谷草地及树林、灌木丛等地，常成群活动于田间、草甸。

食　　性　食植物种子。

最佳观鸟时间

1	2	3	4	5	6	7	8	9	10	11	12

最佳观鸟地点　郊县

保护级别　国家Ⅰ级保护鸟类；IUCN 级别　极危 Critically Endangered（CR）

雌鸟　　　　　　　　　　　　陈建中　拍摄

雄鸟　　　　　　　　　　　　陈建中　拍摄

352　栗鹀(lì wú) *Emberiza rutila*　旅鸟

英 文 名　**Chestnut Bunting**

别　　名　金钟　大红袍　紫背

识别要点　体长约15cm,雌雄异色。雄鸟头、颈和上体栗红色,飞羽和尾羽黑褐色,喉栗红色,胸、腹部亮黄色。雌鸟色淡,上体为棕褐色,具暗色纵纹。下体皮黄色,具暗色纵纹。虹膜褐色,上嘴黑色,下嘴锡色,脚肉色。

生态特征　鸣禽,栖息于疏林及河流、湖泊地带的次生林及林灌。

食　　性　食植物种子、草籽等。

最佳观鸟时间　| 1 | 2 | 3 | 4 | 5 | 6 | 7 | 8 | 9 | 10 | 11 | 12 |

最佳观鸟地点　郊县

陈建中 拍摄

戚志强 拍摄

353 灰头鹀(huī tóu wú)*Emberiza spodocephala* 冬候鸟、旅鸟

英 文 名 **Black-faced Bunting**

别 名 灰头鸟 青头鸟

识别要点 体长约 14cm,雌雄同色。 雄鸟头、颈、前胸均为灰绿色,上体棕色,有较粗的黑色纵纹,下体白色,沾淡黄色。雌鸟头部和上体橄榄褐色,有细小隐约纵纹。

生态特征 鸣禽,栖息于山区疏林地带和平原近水灌木丛的沼泽地带,结群活动。

食 性 食昆虫及杂草种子。

最佳观鸟时间 | 1 | 2 | 3 | 4 | 5 | 6 | 7 | 8 | 9 | 10 | 11 | 12 |

最佳观鸟地点 郊县

戎志强 拍摄

戎志强 拍摄

354 苇鹀(wěi wú)*Emberiza pallasi* 冬候鸟、旅鸟

英 文 名 **Pallas's Bunting**

别 名 苇容

识别要点 体长约 14cm，雌雄异色。颜色较淡的一种鹀。雄鸟头和前胸黑色，腹白色，雌鸟头顶棕色，有深色细纵纹，喉灰色，下体胸部淡棕色。注意肩羽多为蓝灰色。

生态特征 鸣禽，常在平原湿地、苇塘、稻田等处活动。

食 性 主要食草籽，也食昆虫。

最佳观鸟时间 | 1 | 2 | 3 | 4 | 5 | 6 | 7 | 8 | 9 | 10 | 11 | 12 |

最佳观鸟地点 郊县

黄瀚晨　拍摄

355　红颈苇鹀(hóng jǐng wěi wú)*Emberiza yessoensis*　旅鸟

英 文 名　**Ochre-rumped Bunting**

识别要点　体长约15cm，雌雄异色。雄鸟头至后颈、腰和尾上覆羽栗色，肩背部黑色，具长的栗色纵纹。下体白色，两胁有棕色纵纹。雌鸟头黑褐色。

生态特征　鸣禽，栖息于水域附近的灌木丛草地等。

食　　性　主要食杂草种子及昆虫。

最佳观鸟时间

1	2	3	4	5	6	7	8	9	10	11	12

最佳观鸟地点　郊县

陈建中 拍摄

戎志强 拍摄

356 芦鹀(lú wú)*Emberiza schoeniclus* 冬候鸟、旅鸟

英 文 名 **Reed Bunting**

识别要点 体长约15cm，雌雄异色。雄鸟头黑色，后颈有白色领环，喉、胸部中央黑色，雌鸟头部色较淡。肩羽栗色。

生态特征 鸣禽，栖息于低山丘陵和平原地区的林缘灌木丛、河流、草地、芦苇沼泽及农田等地。

食 性 主要食草籽，也食昆虫。

最佳观鸟时间 | 1 | 2 | 3 | 4 | 5 | 6 | 7 | 8 | 9 | 10 | 11 | 12 |

最佳观鸟地点 郊县

附录　天津主要观鸟点

观鸟是亲近大自然、体验大自然、感受大自然的户外运动之一。观鸟，不仅要熟练认知鸟的形貌特征，更需要了解不同鸟类的栖息环境。想看到什么鸟，就需要熟悉目标鸟种的生活习性，在适宜的时间到目标鸟种栖息、觅食的环境中去寻找。

天津自然环境可以分为山、河、湖、湿地、公园、林带六大类型，其中湿地是天津生态环境的特色。因此，天津市适宜观鸟的地点以各种类型湿地为主，兼具山区林带以及城市内的生态环境优美的公园及校园。天津市主要观鸟地点分布情况见附表 A-1。

附表 A-1　天津市主要观鸟地点分布情况

编号	名称	环境类型
T1	汉沽大神堂	沿海滩涂
T2	汉沽蛏头沽	沿海滩涂
T3	汉沽青坨子	沿海滩涂
T4	塘沽高沙岭	沿海滩涂
T5	大港独流减河河口	沿海滩涂
T6	大港马棚口	沿海滩涂
H1	北大港水库	湖库
H2	独流减河宽河槽	湖库
H3	东七里海	湖库
H4	于桥水库	湖库
H5	钱圈水库	湖库
H6	大黄堡	湖库
H7	团泊洼	湖库
H8	上马台水库	湖库

编号	名称	环境类型
H9	东丽湖	湖库
H10	清净湖	湖库
H11	黄港二库	湖库
H12	北塘水库	湖库
H13	鸭淀水库	湖库
H14	沙井子水库	湖库
H15	黄庄洼	湖库
H16	青甸洼	湖库
S1	八仙山	山地
S2	盘山	山地
S3	梨木台	山地
C1	水上公园	城市公园
C2	南翠屏公园	城市公园
C3	柳林公园	城市公园
C4	长虹公园	城市公园
C5	西沽公园	城市公园
C6	北宁公园	城市公园
C7	泰丰公园	城市公园
C8	临港湿地公园	城市公园
C9	大港湿地公园	城市公园
C10	塘沽森林公园	城市公园
C11	刘园苗圃	城市公园
HL1	独流减河静海—西青段	河流
HL2	蓟运河中新生态城段	河流
HL3	潮白新河潮白河国家湿地公园	河流
HL4	永定新河下游段	河流

在中国动物地理区划上，天津属于古北界华北区，地处东亚—澳大利亚鸟类迁徙路线上。在鸟类迁徙季节，有大量的鸟类途经天津，吸引各地的观鸟爱好者和研究学者来观鸟。

一、湿地

1. 沿海滩涂

天津有约 150 千米的海岸线，沿海滩涂是观看鸻鹬类和鸥类的最佳地点。在此区域观鸟，需要注意提前查询潮汐时刻。最佳观测时间在低潮与高潮之间。主要的观测地点有汉沽大神堂、汉沽蛏头沽（航母公园附近）、汉沽青坨子（生态城妈祖像附近）、塘沽高沙岭（原滨海浴场）、大港独流减河河口、大港马棚口（青静黄排水河与沧浪渠河之间的区域）。

2. 湖库

天津地处海河流域下游，自然形成以及 20 世纪六七十年代人工开挖的各类湖库、鱼塘等较多，为水禽尤其是游禽提供了适宜的栖息环境，在春秋季节是观测迁徙雁鸭类的最佳地点。主要的观测地点有北大港水库、独流减河宽河槽区域（万亩鱼塘）、东七里海、于桥水库、钱圈水库、大黄堡、团泊洼、上马台水库、东丽湖、清净湖、黄港二库、北塘水库、鸭淀水库、沙井子水库、黄庄洼、青甸洼等。

3. 河流

天津素有"九河下梢"之称，一级河道 19 条，二级河道 79 条，市域内河网水系众多，是观测水鸟的适宜地点。比较大的地点主要有独流减河西青与静海区域段，永定新河下游段，潮白新河潮白河国家湿地公园、蓟运河中新生态城段等。此外，观鸟者在一些人类活动相对较少的小河流，常常会有意外的收获。

二、山地

天津地势北高南低，北部蓟州区山区是燕山山脉余脉，森林覆盖率较高，为林鸟提供了良好的栖息环境。主要的观鸟点有八仙山、盘山、梨木台等。

三、城市公园

天津市城市绿化按照"大树、长绿＋地被"的模式营造城市生态公园景观，建成了郊野公园 16 处和城市公园 25 处（含苗圃 3 处）。此外，还在滨海新区、各区县均建成了大小不一、类型多样的公园。全市各类公园绿地为以林鸟为主的小型鸟类提供了适宜的栖息环境，使得居民在休闲之余，能够体会到鸟类的灵动与自由。主要的观鸟点有水上公园、南翠屏公园、柳林公园、长虹公园、西沽公园、北宁公园、泰丰公园、临港湿地公园、大港湿地公园、塘沽森林公园、刘园苗圃等。

此外，高校的校园也是适宜鸟类活动的区域，比较著名的观鸟点有南开大学、天津大学、天津师范大学、天津理工大学等校区。

索　引

拉丁名索引

D

E

英文名索引

H

I

J

K

L

M

N

O

P

中文名索引

Y

Z